轨道交通装备制造业职业技能鉴定指导丛书

涂 装 工

中国北车股份有限公司 编写

中国铁道出版社

图书在版编目(CIP)数据

涂装工/中国北车股份有限公司编写.—北京:
中国铁道出版社,2015.3
(轨道交通装备制造业职业技能鉴定指导丛书)
ISBN 978-7-113-19322-5

Ⅰ.①涂… Ⅱ.①中… Ⅲ.①涂漆-职业技能-鉴定-
教材 Ⅳ.①TQ639

中国版本图书馆 CIP 数据核字(2014)第 228280 号

书　　名: 轨道交通装备制造业职业技能鉴定指导丛书
　　　　　　涂　装　工
作　　者:中国北车股份有限公司

策　　划:江新锡　钱士明　徐　艳
责任编辑:张　瑜　　　　　　　编辑部电话:010-51873371
封面设计:郑春鹏
责任校对:龚长江
责任印制:郭向伟

出版发行:中国铁道出版社(100054,北京市西城区右安门西街8号)
网　　址:http://www.tdpress.com
印　　刷:北京鑫正大印刷有限公司
版　　次:2015年3月第1版　2015年3月第1次印刷
开　　本:787 mm×1 092 mm　1/16　印张:11.5　字数:283千
书　　号:ISBN 978-7-113-19322-5
定　　价:36.00元

中国北车职业技能鉴定教材修订、开发编审委员会

主　任：赵光兴

副主任：郭法娥

委　员：（按姓氏笔画为序）

于帮会　王　华　尹成文　孔　军　史治国

朱智勇　刘继斌　闫建华　安忠义　孙　勇

沈立德　张晓海　张海涛　姜　冬　姜海洋

耿　刚　韩志坚　詹余斌

本《丛书》总　编：赵光兴

副总编：郭法娥　刘继斌

本《丛书》总　审：刘继斌

副总审：杨永刚　娄树国

编审委员会办公室：

主　任：刘继斌

成　员：杨永刚　娄树国　尹志强　胡大伟

序

在党中央、国务院的正确决策和大力支持下,中国高铁事业迅猛发展。中国已成为全球高铁技术最全、集成能力最强、运营里程最长、运行速度最高的国家。高铁已成为中国外交的新名片,成为中国高端装备"走出国门"的排头兵。

中国北车作为高铁事业的积极参与者和主要推动者,在大力推动产品、技术创新的同时,始终站在人才队伍建设的重要战略高度,把高技能人才作为创新资源的重要组成部分,不断加大培养力度。广大技术工人立足本职岗位,用自己的聪明才智,为中国高铁事业的创新、发展做出了重要贡献,被李克强同志亲切地赞誉为"中国第一代高铁工人"。如今在这支近 5 万人的队伍中,持证率已超过96%,高技能人才占比已超过 60%,3 人荣获"中华技能大奖",24 人荣获国务院"政府特殊津贴",44 人荣获"全国技术能手"称号。

高技能人才队伍的发展,得益于国家的政策环境,得益于企业的发展,也得益于扎实的基础工作。自 2002 年起,中国北车作为国家首批职业技能鉴定试点企业,积极开展工作,编制鉴定教材,在构建企业技能人才评价体系、推动企业高技能人才队伍建设方面取得明显成效。为适应国家职业技能鉴定工作的不断深入,以及中国高端装备制造技术的快速发展,我们又组织修订、开发了覆盖所有职业(工种)的新教材。

在这次教材修订、开发中,编者们基于对多年鉴定工作规律的认识,提出了"核心技能要素"等概念,创造性地开发了《职业技能鉴定技能操作考核框架》。该《框架》作为技能人才评价的新标尺,填补了以往鉴定实操考试中缺乏命题水平评估标准的空白,很好地统一了不同鉴定机构的鉴定标准,大大提高了职业技能鉴定的公信力,具有广泛的适用性。

相信《轨道交通装备制造业职业技能鉴定指导丛书》的出版发行,对于促进我国职业技能鉴定工作的发展,对于推动高技能人才队伍的建设,对于振兴中国高端装备制造业,必将发挥积极的作用。

中国北车股份有限公司总裁:

2015.2.7

前　　言

　　鉴定教材是职业技能鉴定工作的重要基础。2002年,经原劳动保障部批准,中国北车成为国家职业技能鉴定首批试点中央企业,开始全面开展职业技能鉴定工作。2003年,根据《国家职业标准》要求,并结合自身实际,组织开发了《职业技能鉴定指导丛书》,共涉及车工等52个职业(工种)的初、中、高3个等级。多年来,这些教材为不断提升技能人才素质、适应企业转型升级、实施"三步走"发展战略的需要发挥了重要作用。

　　随着企业的快速发展和国家职业技能鉴定工作的不断深入,特别是以高速动车组为代表的世界一流产品制造技术的快步发展,现有的职业技能鉴定教材在内容、标准等诸多方面,已明显不适应企业构建新型技能人才评价体系的要求。为此,公司决定修订、开发《轨道交通装备制造业职业技能鉴定指导丛书》(以下简称《丛书》)。

　　本《丛书》的修订、开发,始终围绕促进实现中国北车"三步走"发展战略、打造世界一流企业的目标,努力遵循"执行国家标准与体现企业实际需要相结合、继承和发展相结合、坚持质量第一、坚持岗位个性服从于职业共性"四项工作原则,以提高中国北车技术工人队伍整体素质为目的,以主要和关键技术职业为重点,依据《国家职业标准》对知识、技能的各项要求,力求通过自主开发、借鉴吸收、创新发展,进一步推动企业职业技能鉴定教材建设,确保职业技能鉴定工作更好地满足企业发展对高技能人才队伍建设工作的迫切需要。

　　本《丛书》修订、开发中,认真总结和梳理了过去12年企业鉴定工作的经验以及对鉴定工作规律的认识,本着"紧密结合企业工作实际,完整贯彻落实《国家职业标准》,切实提高职业技能鉴定工作质量"的基本理念,在技能操作考核方面提出了"核心技能要素"和"完整落实《国家职业标准》"两个概念,并探索、开发出了中国北车《职业技能鉴定技能操作考核框架》;对于暂无《国家职业标准》、又无相关行业职业标准的40个职业,按照国家有关《技术规程》开发了《中国北车职业标准》。经2014年技师、高级技师技能鉴定实作考试中27个职业的试用表明:该《框架》既完整反映了《国家职业标准》对理论和技能两方面的要求,又适应了企业生产和技术工人队伍建设的需要,突破了以往技能鉴定实作考核中试卷的难度与完整性评估的"瓶颈",统一了不同产品、不同技术含量企业的鉴定标准,提高了鉴定考核的技术含量,保证了职业技能鉴定的公平性,提高了职业技能鉴定工作质量和管理水平,将成为职业技能鉴定工作、进而成为生产操作者技能素质评价的新标尺。

本《丛书》共涉及 98 个职业(工种),覆盖了中国北车开展职业技能鉴定的所有职业(工种)。《丛书》中每一职业(工种)又分为初、中、高 3 个技能等级,并按职业技能鉴定理论、技能考试的内容和形式编写。其中:理论知识部分包括知识要求练习题与答案;技能操作部分包括《技能考核框架》和《样题与分析》。本《丛书》按职业(工种)分册,并计划第一批出版 74 个职业(工种)。

本《丛书》在修订、开发中,仍侧重于相关理论知识和技能要求的应知应会,若要更全面、系统地掌握《国家职业标准》规定的理论与技能要求,还可参考其他相关教材。

本《丛书》在修订、开发中得到了所属企业各级领导、技术专家、技能专家和培训、鉴定工作人员的大力支持;人力资源和社会保障部职业能力建设司和职业技能鉴定中心、中国铁道出版社等有关部门也给予了热情关怀和帮助,我们在此一并表示衷心感谢。

本《丛书》之《涂装工》由唐山轨道客车有限责任公司《涂装工》项目组编写。主编夏冬宁,副主编董双良;主审张晓海,副主审刘春宁;参编人员高猛、王瑾璐、李妍。

由于时间及水平所限,本《丛书》难免有错、漏之处,敬请读者批评指正。

中国北车职业技能鉴定教材修订、开发编审委员会
二〇一四年十二月二十二日

目　　录

涂装工(职业道德)习题

一、填空题

1. 班组经济责任制包括( )、经济责任制、岗位责任制三大责任制。

2. 认真学习邓小平理论,树立正确的( )、人生观、价值观。

3. 热爱企业,把爱党、爱国、爱企业、爱岗有机( )。

4. 自觉做到身在企业、情系企业、奉献企业与企业( )。

5. 对于我们赖于生存的企业,应该做到( )。

6. 树立"干一行、爱一行、钻一行、精一行"的良好( ),尽最大努力履行自己的职责。

7. 树立"精工出精品,精品出效益"的意识,从零件的生产到产品的组装,每个产品都要做到精工细作、( )、精益求精。

8. 养成良好的勤俭( )习惯。

二、单项选择题

1. 以下不属于劳动合同必备条款的是( )。

(A)劳动合同期限　　　　　　　　(B)保守商业秘密

(C)劳动报酬　　　　　　　　　　(D)劳动保护和劳动条件

2. 以下不属于劳动合同类型的是( )。

(A)固定期限的劳动合同　　　　　(B)无固定期限的劳动合同

(C)以完成一定工作为期限的劳动合同　　(D)就业协议

3. 劳动合同中关于试用期的条款,以下说法正确的是( )。

(A)试用期最长不得超过 3 个月　　(B)试用期最长不得超过 6 个月

(C)试用期最长不得超过 10 个月　　(D)试用期最长不得超过 12 个月

4. 爱岗敬业的基本要求是要乐业、勤业及( )。

(A)敬业　　　　(B)爱业　　　　(C)精业　　　　(D)务业

5. 职业道德的实质内容是( )。

(A)改善个人生活　　　　　　　　(B)增加社会的财富

(C)树立全新的社会主义劳动态度　(D)增强竞争意识

6. ( )就是要求把自己职业范围内的工作做好。

(A)诚实守信　　(B)奉献社会　　(C)办事公道　　(D)忠于职守

三、多项选择题

1. 下列说法中,你认为正确的有( )。

(A)岗位责任规定岗位的工作范围和工作性质

(B)操作规则是职业活动具体而详细的次序和动作要求

(C)规章制度是职业活动中最基本的要求

(D)职业规范是员工在工作中必须遵守和履行的职业行为要求

2. 文明生产的具体要求包括(　　　)。

(A)语言文雅,行为端正,精神振奋,技术熟练

(B)相互学习,取长补短,互相支持,共同提高

(C)岗位明确,纪委严明,操作严格,现场安全

(D)优质,低耗,高效

3. 符合坚持真理要求的是(　　　)。

(A)坚持实事求是的原则　　　　　　　　(B)尊敬师长就是坚持真理

(C)敢于挑战权威　　　　　　　　　　　(D)多数人认为正确的就是真理

4. 加强职业道德修养的途径有(　　　)。

(A)树立正确的人生观　　　　　　　　　(B)培养自己良好的行为习惯

(C)学习先进人物的优秀品质　　　　　　(D)坚决同社会上的不良现象作斗争

5. 符合团结互助精神的表述是(　　　)。

(A)三人同心,其利断金　　　　　　　　(B)三个和尚没水喝

(C)三个臭皮匠(裨将),顶个诸葛亮　　　(D)三人行必有我师焉

6. 关于职业纪律的表述,正确的是(　　　)。

(A)每个从业人员开始工作前,就应明确职业纪律

(B)从业人员只有在工作过程中才能明白职业纪律的重要性

(C)从业人员违反职业纪律造成损失,要追究其责任

(D)职业纪律是企业内部的规定,与国家法律无关

7. 如果有足够的钱让你支配,你认为以下(　　　)做法具有合理性。

(A)投资创业　　　　　　　　　　　　　(B)用于慈善事业

(C)改善生活　　　　　　　　　　　　　(D)捐献给国家

8. 关于职业生活,下列说法正确的是(　　　)。

(A)多数人工作是为了养家糊口　　　　　(B)有工作就是快乐的,工资高低不重要

(C)工作是体现个人价值的一种方式　　　(D)工作是社会交往的重要途径

9. 对从业人员语言规范的具体要求是(　　　)。

(A)用尊称　　　　　(B)语气委婉　　　　(C)语意明确　　　　(D)语速适中

10. 评价从业人员的职业责任感,应从(　　　)入手。

(A)能否与同事和睦相处　　　　　　　　(B)能否完成自己的工作任务

(C)能否得到领导的表扬　　　　　　　　(D)能否为客户服务

11. 法律与道德的区别体现在(　　　)。

(A)产生时间不同　　(B)依靠力量不同　　(C)阶级属性不同　　(D)作用范围不同

四、判断题

1. 从零件的生产到产品的组装,只要质量符合标准,就不需要精打细算。(　　　)

2. 搞好自己的本职工作,不需要学习与自己生活工作有关的基本法律知识。(　　　)

3. 勤俭节约是劳动者的美德。（   ）

4. 企业职工应自觉执行本企业的定额管理,严格控制成本支出。（   ）

5. 提高生产效率,无需掌握安全常识。（   ）

6. 企业的投资计划、经营策略、产品开发项目不是秘密。（   ）

7. 企业的利益就是职工的利益。（   ）

8. 职工是国家的主人,也是企业的主人。（   ）

9. "干一行、爱一行、钻一行、精一行"是企业职工良好的职业道德。（   ）

10. 铺张浪费与定额管理无关。（   ）

11. 在工作中,我不伤害他人就是有职业道德。（   ）

12. 本职业与企业兴衰、国家振兴毫无联系。（   ）

13. 社会主义职业道德的基本原则是用来指导和约束人们的职业行为的,需要通过具体明确的规范来体现。（   ）

14. 树立"忠于职守,热爱劳动"的敬业意识,是国家对每个从业人员的起码要求。（   ）

15. 每一名劳动者都应坚决反对玩忽职守的渎职行为。（   ）

16. 掌握必要的职业技能是完成工作的基本手段。（   ）

17. 每一名劳动者都应提倡公平竞争,形成相互促进、积极向上的人际关系。（   ）

18. 职业道德与职业纪律有密切联系,两者相互促进,相辅相成。（   ）

19. 为人民服务是社会主义基本职业道德的核心。（   ）

20. 社会主义职业道德的基本原理是国家利益、集体利益、个人利益相结合的集体主义。（   ）

涂装工(职业道德)答案

一、填空题

1. 施工过程中责任制 2. 世界观 3. 融为一体
4. 精诚合作 5. 尽心、尽力、尽职、尽责 6. 职业道德
7. 精打细算 8. 节约

二、单项选择题

1. B 2. D 3. B 4. C 5. C 6. D

三、多项选择题

1. ABC 2. ABCD 3. AC 4. ABCD 5. ACD 6. AC 7. ABD
8. ABCD 9. ABCDE 10. BD 11. ABD

四、判断题

1. √ 2. × 3. × 4. × 5. × 6. √ 7. √ 8. × 9. √
10. × 11. √ 12. √ 13. × 14. √ 15. √ 16. × 17. √ 18. ×
19. √ 20. √

涂装工(初级工)习题

一、填 空 题

1. 涂装预处理是( )过程中重要的一道工序,它关系到涂层的附着力、装饰性和使用寿命。

2. 表面处理有( )和化学处理法两大类。

3. 用不燃性有机溶剂脱脂的方法有( )、浸洗、蒸汽和喷洗等几种。

4. 采用化学脱脂的有( )、喷射法和滚筒法等多种。

5. 碱性乳化脱脂有喷射法和( )两种方法。

6. 去除动、植物油污,使用( )效果较好。

7. 有色金属产品及有色金属与非金属压合的制件,通常使用( )脱脂最合适。

8. 当溶液中的其他条件一定时,影响碱液脱脂效果的主要因素是( )、温度和碱液的搅拌作用。

9. 去除铝及铝合金表面的油污,通常可采用( )。

10. 塑料脱脂的方法和( )类似,可用碱性水溶液脱脂或用表面活性剂溶液及溶剂脱脂。

11. 耐溶剂较差的塑料需用( )或中性洗涤剂脱脂。

12. 金属表面的锈蚀产物主要是( ),它们能与酸起反应生成盐。

13. 金属表面的除锈方法,有机械法、( )、电解除锈法等几种。

14. 机械除锈法通常有手工除锈和( )、喷丸、抛丸等几种。

15. 化学除锈法通常有( )、电解、电极等几种。

16. 电解除锈可分为两类:一类是将除锈的工件作为( ),还有一类是将除锈的工件作为阴极。

17. 酸洗除锈常用的硫酸和盐酸是( )酸,而醋酸、酒石酸和柠檬酸是有机酸。

18. 用水稀释浓硫酸液的程序是( )。

19. 经热溶液处理的工件,取出后应先用( )再用冷水冲洗。

20. 磷化处理的目的是提高工件的( )和增强涂料的附着力。

21. 磷化膜与( )和涂料有较高的结合力,可视为金属的涂装防护层。

22. 磷化液中的促进剂有两类:一类是( ),另一类是金属离子。

23. 镍盐是磷化反应中常用的( )。

24. 磷化后处理包括水洗、钝化、( )等过程,其中钝化最为重要。

25. 在一个槽液中( )进行脱脂、除锈、磷化、钝化等数道工序的方法叫作综合处理法。

26. 检验磷化膜的耐蚀性应与( )结合在一起进行。

27. 常用的磷化膜耐蚀性检测方法有( )法。

28. 非铁材料是指铝、铜、锌、镁、镉及其合金等（　　），以及非金属的塑料、木材、纤维等。

29. 非铁材料的（　　）各异，要针对涂装目的与质量要求选择相适应的表面预处理方法。

30. 镁合金工件可采用（　　）、电化学氧化后涂装等方法进行防护和表面装饰。

31. 铜及铜合金采用（　　）、钝化、氧化处理后，可提高其耐蚀能力。

32. 钛及钛合金的（　　）可明显地改善涂层的附着性。

33. 铝及铝合金的酸洗处理也称为（　　）。

34. 在金属表面进行抛光处理的方法有（　　）、化学抛光和电解抛光。

35. 铝及铝合金的化学氧化方法可分为（　　）氧化和酸性溶液氧化两大类。

36. 铝及铝合金的阳极氧化有硫酸阳极氧化、（　　）阳极氧化、草酸阳极氧化及厚层阳极氧化和瓷质阳极氧化等。

37. 有色金属工件在氧化处理后，还要进行（　　）处理，以提高氧化膜的防护性和绝缘性。

38. 控制镁合金氧化的质量，检查内容包括：（　　）检查、槽液检查和氧化膜质量检查。

39. 塑料件表面化学处理的常用方法是（　　）、硫酸混合液法。

40. 涂料中所有的有机溶剂均具易挥发和（　　）、易爆的特性，大多数溶剂还具有毒性，故必须注意安全生产。

41. 涂料涂装的方法除刷涂、浸涂、淋涂、辊涂和喷涂等一般方法外，还有静电喷涂、高压无气喷涂、（　　）、电泳涂装等较先进的工艺方法。

42. 在选择涂装方法时，通常要考虑涂层配套的多层性，即（　　）、中间层、面层的复合涂装方法。

43. 材质不同，涂料与材质的（　　）不同。

44. 涂料的干燥方法有（　　）干燥和烘烤干燥两大类。

45. 表示（　　）干燥程度的有表干和实干两种。

46. 腻子刀适用于填补刮涂平面（　　），同时也适用于在腻子盘中调制搅拌腻子。

47. 牛角刮刀的规格有（　　）、38 mm、50 mm 和 75 mm 等多种。

48. 油漆溶剂的沸点分为（　　）、中沸点、高沸点三种。

49. 常用的空气喷枪的结构型式有（　　）和压下式喷枪两类。

50. 被涂物表面应该是光滑平整，并具有一定的（　　），无油污、无锈蚀、无缺陷。

51. 电泳有（　　）和阳极电泳两种类型。

52. 排笔刷是常用的（　　）工具之一。

53. 喷涂使用的压缩空气中的水分和油污必须采用（　　）清除。

54. 常用的辊涂法有（　　）辊涂和自动辊涂两种。

55. 粉末涂料有（　　）粉末涂料和热固性粉末涂料两大类。

56. 涂料除了具有保护产品的作用外，还有（　　）、标志和特殊作用。

57. 油水分离器应定期做（　　）处理。

58. 淋涂使用的主要设备是一个装有过滤网的（　　）。

59. 各种浸涂施工方法都要求备有（　　）。

60. 离心浸涂法适用于形状（　　）小零件的涂装。

61. 机械辊涂法的主要设备是（　　）。

62. 刷涂法常用的主要工具有（　　）、漆桶以及过滤器等。

63. 刮具有（　　）刮具和软刮具两种。

64. 颜料是一种细微粉末状的有（　　）的物质。

65. 涂刮腻子的目的是消除各种物体和零件表面的（　　）。

66. 涂刮腻子的方式一般可分为（　　）、补刮和软硬交替涂刮等几种。

67. 按照被涂工件的精细程度要求，打磨一般可分为（　　）打磨和湿打磨两种。

68. 化学除锈在工厂里习惯称之为（　　）。

69. 工件经表面处理后，第一道工序就是涂装（　　）。

70. 常用的底漆可分为保养底漆、一般底漆和（　　）底漆。

71. 工件经涂底漆、刮腻子、打磨修平后，再涂装（　　）。

72. 涂料涂装后，经过物理与化学变化而变成固态涂膜的过程称为（　　）。

73. 人造浮石根据砂粒的大小，可分为粗粒、中粒、细粒和（　　）四级。

74. 涂料制造时，虽经过设计筛选配方、选用质量优良的原材料，采取先进工艺和设备生产，但仍会因配料（　　）、配料方法不当，或配制过程中混入有害物质，以及生产工艺和实施不利等原因而造成涂料病态。

75. 涂料开桶后，发现粘度太稠或太稀，如不是储存期造成的，则是制造中（　　）不当，溶剂加入过少或过多等原因造成的。

76. 涂膜外观未达到预期光泽，呈暗淡无光现象，称为（　　）。

77. 涂料库房应有足够的面积和容积，保持良好的环境条件，储存保管温度范围为（　　）。

78. 涂料入库和发放要本着（　　）的顺序，避免储存过期。

79. 每批新涂料入厂，保管人员都应提供样品给化验室进行（　　）验收。

80. 浅色涂料应该是色彩单一的（　　）状，尤其是清漆，若出现浑浊则是缺陷。

81. 在涂覆和干燥过程中，涂膜中产生许多小孔的现象称为（　　）。

82. 干燥后的涂膜表面，若呈现出微小的圆珠状小泡，并一经碰压即破裂，这种现象称为（　　）。

83. 涂料在喷涂时雾化不好呈丝状，使涂膜呈丝状膜，称为（　　）。

84. 干燥后的电泳涂膜表面呈现厚薄不均匀的阴暗面，这种现象称为（　　）。

85. 涂料经干燥成膜后，表面外观透青，露出底材颜色，漆膜明显太薄称为（　　）。

86. 涂膜在阳光照耀下变成忽绿、忽紫状的颜色，称为（　　）。

87. 为了防止涂料在储存中发生沉淀，应定期将涂料桶（　　）或倒置。

88. 复色颜料中由于颜料的密度不同，密度大的颜料（　　），轻的上浮。

89. 光滑的工件涂装时，若没有经过（　　）处理，则会影响其涂膜的附着力。

90. 若在涂层太厚或底漆未完全干燥时进行涂装面漆，会造成表干里湿，就有（　　）现象。

91. 有机溶剂如甲苯、二甲苯等毒性大，吸入人体后，将危害人的（　　）器官、神经系统和造血系统。

92. 按涂料的干燥机理分类，可分为（　　）干燥和化学性干燥两大类。

93. 工件在涂装一、二天后，涂膜表面出现失光状态，甚至形成一层白霜，这种现象称为（　　　）。

94. 涂装四要素是指产品涂装前的（　　　）、正确选用涂料、涂装方法和涂料的干燥。

95. （　　　）是涂料配套施工中的重要涂层,选择时,要求选用的底漆对产品表面有很强的附着力和与上层涂料良好的结合力。

96. 中间层涂料是用于（　　　）之间的涂料,在涂装中具有承上启下的作用。

97. 产品涂装必须遵循底层、中间层和面层涂料间的（　　　）原则。

98. 过滤是涂料（　　　）过程中必不可少的工序。

99. 两层以上的多涂层涂装,涂料的调配要从（　　　）开始,并按先用先调、后用后调的方法依次进行。

100. 光是一种（　　　）,可见光波的波长在400~700 nm之间。

101. 色是光刺激眼睛所产生的（　　　）,光与色的关系是英国科学家牛顿在1666年发现的。

102. 颜色有色相、（　　　）和纯度三个显著的特性,通常被称为色的三属性,它们是区分和辨别不同颜色的主要技术依据。

103. 同一种色相的颜色由于光的（　　　）不同,而表现出不同的亮度。

104. 20世纪20年代,美国画家孟塞尔将颜色的特性用（　　　）的方法表示出来,人们称之为孟塞尔色立体。

105. 颜色的基本色有（　　　）、黄、蓝三种。

106. 间色与其他色相混合或（　　　）之间不等量相混合所得的色叫作复色。

107. 颜料是一种（　　　）状的有颜色的物质。

108. 颜料根据来源不同,通常分为（　　　）和合成颜料,或者无机颜料和有机颜料。

109. 颜料涂于物体表面形成（　　　）呈现一定的色彩。

110. 颜料配色的方法有（　　　）和减色法两种。

111. 采用原色涂料配制色漆达到色标时,一般的配制原则是（　　　）、由浅入深。

112. 涂料配色最重要的一条是,必须使用类型、品种、（　　　）、用途等相似或一致的涂料。

113. 调配粉红色需用（　　　）和大红颜料。

114. 调配湖绿色需要使用钛白、（　　　）和铁蓝三种颜料。

115. 用钛白、浅黄和黑色颜料可以调配出（　　　）色。

116. 用单色醇酸漆调配橘红色,需用（　　　）醇酸漆和红色醇酸漆。

117. 不同的美术型涂料有各自不同的（　　　）和涂装方法。

118. 皱纹漆的涂层能形成美丽而有规则的各种（　　　）,并能将粗糙的物面遮蔽。

119. 涂料生产厂应保证出厂产品符合（　　　）和有关标准的规定,每批产品应附有产品合格证。

120. 涂料与涂膜的性能测试方法应符合代号为（　　　）有关国家标准的规定。

121. 根据国家标准规定,涂膜标准试验样板可以用厚度为（　　　）mm的马口铁板制作（或用涂装产品的材质制作）。

122. 制作涂膜试验样板时,涂装前的（　　　）十分重要。

123. 涂装过程中测定涂料粘度最简便常用的仪器是（　　　）粘度计,测量单位用秒表示。

124. 所谓（　　　）,就是指当光照在物体表面时,光线朝着一定方向反射的性能,它是鉴别涂膜外观质量的一个主要项目。

125. 测定涂料的干燥性能是将涂料以一定的(　　　)涂于样板上,在规定的温度下形成干燥涂膜所需的时间。

126. 涂膜与被涂物体表面之间结合牢固的程度,即为涂膜的(　　　),它是涂膜最重要的性能之一。

127. 为了缩短涂膜老化性能测试的时间,可以采用(　　　)的老化试验方法。

128. 油漆是由树脂、油料、(　　　)、溶剂、辅助材料等五大材料组成的。

129. 用于制造油漆的树脂有(　　　)和合成树脂两类。

130. 豆油属于(　　　),适合制造白色油漆。

131. 常用颜料按性质分为(　　　)和有机颜料两类。

132. 常用颜料按作用分为(　　　)、防锈颜料和体质颜料等三类。

133. 油漆中加颜料能使油漆具有一定的(　　　)和附着力。

134. 油漆中加入溶剂是(　　　)和稀释油漆中的成膜物。

135. 按溶剂的品种分类,甲醇、乙醇、丙三醇属于(　　　)类。

136. 油漆(涂料)命名,其全名=颜色或颜料名称+(　　　)+基本名称。

137. 根据原料的来源,树脂可分为(　　　)树脂和合成树脂两大类。

138. 根据受热后的变化情况,树脂可以分为(　　　)树脂和热固性树脂两大类。

139. 涂料涂覆于物体表面上形成坚固涂膜的工艺技术,称为(　　　)。

140. 油脂类涂料是以植物油为主要成膜物质,加入(　　　)和其他辅助材料混合而成的一类涂料,在我国具有悠久的历史。

141. 脱脂质量的好坏主要取决于脱脂温度、脱脂时间、机械作用和(　　　)四个因素。

142. 在涂料的组成中,没有挥发性稀释剂的称为(　　　)漆,呈粉末状的称为粉末涂料。

143. 颜料按其化学成分可分为(　　　)颜料和有机颜料。

144. 在涂料的组成中,没有颜料的透明体称为(　　　),加入大量体质颜料的稠厚浆体称为腻子。

145. 只要了解金属在电解液中的电极电位,即可知道该金属是(　　　)金属还是惰性金属,就可进一步了解它是否易遭受腐蚀。

146. 涂装生产过程中的“三废”即(　　　)、废水、废渣,会对周围环境与人体健康产生危害。

147. 尽管出现了不少新型涂料和先进的涂装工艺,我国当前仍以(　　　)型涂料占主要地位,手工喷涂方法仍占相当大的比例。

148. 我国对环境保护非常重视,1986年颁布了《中华人民共和国(　　　)法》,其中对涂装“三废”排放标准作了明文规定。

149. 各种涂装方法中,以(　　　)产生的废气最为严重,废气中含有大量由有机溶剂挥发出来的溶剂气体和漆雾,严重污染环境和危害人体健康。

150. 涂装前表面除锈以“三酸”即(　　　)、硝酸、盐酸为主要组分配制的处理液,腐蚀性和毒性极强。

151. 含碱或含酸废水常用(　　　)法加以治理排放。

152. 车间空气中的二甲苯的浓度不应超过(　　　)mg/m³。

153. 涂料施工场所必须配备有足够数量的（　　）、砂箱及其他灭火工具,每个涂料施工人员都必须能熟练地使用。

154. 杂质离子的存在会使电泳涂装时耗电量（　　）。

155. 电泳涂装时,其补加涂料应预先（　　）均匀。

156. 涂料入厂（　　）是把住质量关的第一道工序。

157. 涂装车间密闭是防止（　　）进入。

158. 喷漆车间喷漆房的（　　）是用来排出漆雾的。

159. 严禁向下水道内倒易燃溶剂和（　　）。

160. 从事涂装作业的人员应定期进行（　　）。

161. 维修各种电气设备时,一定要切断（　　）,挂警示标志。

二、单项选择题

1. 按油料性能分类,亚麻仁油属于（　　）。
(A)干性油　　　　　(B)半干性油　　　　　(C)不干性油　　　　　(D)溶剂油

2. 加速油漆干燥、缩短油漆干燥时间的辅助材料是（　　）。
(A)固化剂　　　　　(B)催化剂　　　　　(C)催干剂　　　　　(D)促进剂

3. 松香、虫胶属于（　　）。
(A)天然树脂　　　　　(B)合成树脂　　　　　(C)矿物质　　　　　(D)植物

4. 三原色是由红、蓝、（　　）色组成的。
(A)黑　　　　　(B)绿　　　　　(C)黄　　　　　(D)白

5. 铝粉颜料属于（　　）。
(A)天然颜料　　　　　(B)人造颜料　　　　　(C)金属颜料　　　　　(D)合成颜料

6. 下列关于无机物的描述,正确的是（　　）。
(A)不含钠、氢、氧的化合物是无机物　　　　　(B)苯是无机物
(C)乙醇是无机物　　　　　(D)不含碳元素的纯净物是无机物

7. 配制湖绿色油漆是以白色＋黄色＋（　　）。
(A)红色　　　　　(B)蓝色　　　　　(C)黑色　　　　　(D)紫色

8. 氧化煤油、200 号溶剂汽油属于（　　）。
(A)酯类　　　　　(B)醇类　　　　　(C)烃类　　　　　(D)酸类

9. 型号为 T-2 的辅助材料是（　　）。
(A)固化剂　　　　　(B)水　　　　　(C)洗涤剂　　　　　(D)脱漆剂

10. 能溶解溶质的物质称为（　　）。
(A)溶剂　　　　　(B)催干剂　　　　　(C)添加剂　　　　　(D)固化剂

11. 醇酸树脂漆类的稀释剂由 200 号溶剂汽油和（　　）组成。
(A)甲苯　　　　　(B)二甲苯　　　　　(C)硝基苯　　　　　(D)苯

12. 食盐溶在水中,不能发生的现象是（　　）。
(A)食盐发生电离,产生 Na^+ 和 Cl^-
(B)形成食盐水溶液
(C)食盐又重新凝聚在一起,形成结晶

(D)食盐水溶液中各处 Na^+ 和 Cl^- 的含量均一

13. 木材去皮是为了(　　)。

(A)紧密 　　(B)防腐 　　(C)防潮 　　(D)美观

14. 涂料的基本编号是(　　)。

(A)30～39 　　(B)50～59 　　(C)10～19 　　(D) 20～29

15. 原用石铅粉腻子的主要填料是(　　),可使适量加水后的腻子变稠。

(A)滑石粉 　　(B)石膏粉 　　(C)石棉粉 　　(D)红丹粉

16. 醇酸磁漆的干燥性质属于(　　)。

(A)烘干性 　　(B)固化性 　　(C)自干性 　　(D)物理性

17. 适应大平面涂刮的工具是(　　)。

(A)牛角刮刀 　　(B)钢制刮刀 　　(C)木制刮刀 　　(D)橡皮刮刀

18. 空气喷涂是一种(　　)的方法。

(A)应用很少 　　(B)应用最广泛 　　(C)不适宜应用 　　(D)高利用率

19. 空气喷涂最适宜使用(　　)。

(A)高粘度油漆 　　(B)低粘度油漆 　　(C)双组分油漆 　　(D)多组分油漆

20. 底层与面层之间是(　　)。

(A)表层 　　(B)腻子层 　　(C)中间层 　　(D)车间底漆

21. 常用自然干燥油漆是(　　)。

(A)双组分聚氨酯漆 　　(B)粉末涂料

(C)酚醛漆类 　　(D)有机硅烘干漆

22. 体质颜料老粉(又叫大白粉)的主要成分是(　　)。

(A)氧化铅 　　(B)硫酸钙 　　(C)氧化锌 　　(D)碳酸钙

23. 酚醛清漆的型号是(　　)。

(A)FO1-1 　　(B)YO1-1 　　(C)CO1-1 　　(D)HO1-2

24. 腻子一般涂刮在(　　)上。

(A)底漆面 　　(B)面漆层 　　(C)中间层 　　(D)预涂漆层

25. 油性漆最适宜(　　)法。

(A)涂刷 　　(B)电泳 　　(C)静电喷涂 　　(D)刮涂

26. 使用涂-4 粘度杯测量粘度时,要求在(　　)为适宜。

(A)30℃ 　　(B)5℃ 　　(C)10℃ 　　(D)22℃

27. 醇酸腻子的型号是(　　)。

(A)C07-5 　　(B)G07-5 　　(C)F07-5 　　(D)N03-2

28. 塑料制品退火的目的是(　　)。

(A)除去静电 　　(B)消除塑料制品的内应力

(C)增加涂膜的附着力 　　(D)增加表面的粗糙度

29. 对铁路客车、机车外顶腐蚀最严重的气体是(　　)。

(A)二氧化碳 　　(B)一氧化碳 　　(C)二氧化硫 　　(D)二氧化氮

30. 含碳量在 2% 以下的铁合金称为(　　)。

(A)铁 　　(B)钢 　　(C)铜合金 　　(D)铝

31. 一般化学除锈液含有氯化钠 4%～5%,硫脲 0.3%～0.5%,(　　)18%～20%。

(A)硫酸　　　　　　(B)碳酸　　　　　　(C)水　　　　　　(D)盐酸

32. 涂刷一般清漆和色漆应选用(　　)。

(A)板刷　　　　　　(B)软毛刷　　　　　(C)特制刷　　　　　(D)毛笔

33. 涂刷油漆膜过厚会造成漆膜(　　)。

(A)失光　　　　　　(B)开裂　　　　　　(C)起皱　　　　　　(D)不沾

34. 油漆制造时加入颜料不当,涂刷时加入的稀料又过多,这样造成漆膜(　　)。

(A)泛白　　　　　　(B)起泡　　　　　　(C)发粘　　　　　　(D)不盖底

35. 醇酸漆层上加刷硝基漆时,极易产生(　　)。

(A)针孔　　　　　　(B)泛黄　　　　　　(C)咬底　　　　　　(D)泛白

36. 常用醇酸漆、酚醛漆开桶后桶盖不盖严,易产生(　　)。

(A)浑浊　　　　　　(B)结皮　　　　　　(C)沉淀　　　　　　(D)分层

37. 油漆施工后放置在高温条件下会产生(　　)。

(A)起皱　　　　　　(B)脱层　　　　　　(C)颜色加深　　　　(D)开裂

38. 喷漆室相对擦净室来说,室内空气呈(　　)。

(A)正压　　　　　　(B)微正压　　　　　(C)负压　　　　　　(D)等压

39. 使金属腐蚀的内部原因是(　　)。

(A)湿度　　　　　　　　　　　　　　　(B)化学品腐蚀

(C)金属棱角腐蚀　　　　　　　　　　(D)金属表面结露腐蚀

40. 铁路机车、客车外墙板的最后一道聚酯腻子一般是采用(　　)。

(A)干磨　　　　　　(B)水磨　　　　　　(C)不磨　　　　　　(D)砂轮磨

41. 硬座车的车型标记是(　　)。

(A)YZ　　　　　　　(B)YW　　　　　　(C)RZ　　　　　　(D) RYZ

42. 防止油漆在桶内生产氧化结皮应加入(　　)。

(A)防沉剂　　　　　(B)防腐剂　　　　　(C)抗结皮剂　　　　(D)增韧剂

43. 工件表面油漆采用喷淋或流淌的方法称为(　　)。

(A)浸湿法　　　　　(B)流淌法　　　　　(C)擦涂法　　　　　(D)刷漆法

44. 油漆场房内的照明电器应(　　)。

(A)防爆　　　　　　(B)防火　　　　　　(C)防盗　　　　　　(D)防水

45. 油漆厂内使用 200 号溶剂汽油最高容许浓度为(　　)mg/m³。

(A)150　　　　　　　(B)100　　　　　　(C)3 500　　　　　　(D)1

46. 高级铁路客车上涂刮的是(　　)。

(A)酯胶腻子　　　　(B)醇酸腻子　　　　(C)酚醛腻子　　　　(D)不饱和聚酯腻子

47. C04-2 中的 04 是代表(　　)。

(A)成膜物　　　　　(B)序号　　　　　　(C)基本名称　　　　(D)颜料

48. 增加漆膜的柔韧性、提高漆膜的附着力的物质是(　　)。

(A)消光剂　　　　　(B)分散剂　　　　　(C)增塑剂　　　　　(D)固化剂

49. 企业标准是指企业部门为了保证(　　)所制定的标准。

(A)工艺性能　　　　(B)产品质量　　　　(C)使用年限　　　　(D)企业管理

50. 油漆中常用的植物油是(　　)。

(A)不干性油　　　　(B)动物油　　　　(C)干性油　　　　(D)石油

51. 醇酸磁漆中,油占树脂总量的(　　)称为中油度。

(A)50%　　　　(B)50%～60%　　　　(C)60%以上　　　　(D)90%以上

52. 影响漆膜质量的因素不包括(　　)。

(A)操作技术水平　　　(B)涂料包装　　　(C)已涂装过的底漆　　　(D)温度

53. 根据油漆漆膜质量要求,选择油漆的首要原则是(　　)。

(A)高性能油漆　　　　　　　　　(B)既满足漆膜质量要求,又具有经济性

(C)施工简便　　　　　　　　　　(D)无毒

54. 当前我国铁路工厂生产的25K型客车所用的防锈底漆是(　　)。

(A)酚醛磁化铁防锈底漆　　　　　(B)沥青底漆

(C)醇酸红丹防锈底漆　　　　　　(D)磷酸锌环氧底漆

55. 矿物油、氧化煤油、煤油属于(　　)。

(A)酯类溶剂　　　(B)烃类溶剂　　　(C)醇类溶剂　　　(D)醛类溶剂

56. 按催干剂品种分类,红丹(氧化铅)属于(　　)。

(A)金属盐类　　　(B)金属氧化物　　　(C)金属颜料　　　(D)填料

57. $CH_3CH_2\text{-}OH$ 是(　　)。

(A)乙醇　　　(B)甲醇　　　(C)丁醇　　　(D)乙烯

58. 石膏的化学名称是(　　)。

(A)硫酸纳　　　(B)硫化纳　　　(C)硫酸钙　　　(D)硝酸

59. $CaCO_3$ 是(　　)的化学分子式。

(A)大白粉　　　(B)石棉粉　　　(C)滑石粉　　　(D)重晶石粉

60. 常用的铁红粉的化学分子式是(　　)。

(A)FeS　　　(B)$FeSO_4$　　　(C)Fe_2O_3　　　(D)$FeCl_3$

61. 表示中性溶液的 pH 值是(　　)。

(A)$pH=7$　　　(B)$pH<7$　　　(C)$pH>7$　　　(D)$pH=0$

62. 硫酸的化学分子式是(　　)。

(A)HCl　　　(B)H_2SO_4　　　(C)HNO_3　　　(D)H_2S

63. 烧碱的化学分子式是(　　)。

(A)$Ca(OH)_2$　　　(B)$NaOH$　　　(C)$Mg(OH)_2$　　　(D)$Fe(OH)_2$

64. 表示化学纯的试剂的符号是(　　)。

(A)GR　　　(B)AR　　　(C)LK　　　(D)CP

65. 醇酸树脂用于制造(　　)。

(A)环氧漆类　　　(B)酚醛漆类　　　(C)醇酸漆类　　　(D)硝基漆类

66. 天然大漆主要化学成分是(　　)。

(A)苯酚　　　(B)漆酚　　　(C)酚　　　(D)醇

67. 甲苯、二甲苯溶剂属于(　　)。

(A)萜稀溶剂类　　　(B)酯类　　　(C)煤焦溶剂类　　　(D)汽油类

68. 溶剂的沸点在 100℃～145℃之间的是(　　)溶剂。

(A)低沸点　　　(B)中沸点　　　(C)高沸点　　　(D)强

69. 当溶剂加入清漆中应当能(　　)。

(A)有轻微混浊现象　　　　　　　　(B)增高粘度

(C)降低粘度　　　　　　　　　　　(D)产生沉淀

70. 酚类和甲醛或其同系物缩合反应生成的是(　　)。

(A)脲醛树脂　　　(B)酚醛树脂　　　(C)聚酯树脂　　　(D)醇酸树脂

71. 加速油漆漆膜干燥的物质是(　　)。

(A)增塑剂　　　(B)固化剂　　　(C)干燥剂　　　(D)催干剂

72. 配制虫胶清漆所用酒精的浓度是(　　)。

(A)85%~90%　　　(B)75%~80%　　　(C)95%　　　(D)50%

73. 颜色的冷暖感主要是由(　　)影响。

(A)颜色纯度　　　(B)颜色亮度　　　(C)颜色的黑白度　　　(D)颜色的色调

74. 当前铁路修理客车,外墙板所用的油漆是(　　)。

(A)聚氨酯类　　　(B)过氯乙烯漆类　　　(C)丙烯酸醇酸类　　　(D)氟碳漆类

75. 铁路客车内顶板所涂刷白色醇酸磁漆的光泽度 60°角时为(　　)。

(A)75%~85%　　　(B)90%~100%　　　(C)50%~60%　　　(D)20%~40%

76. 对金属锌涂装时,底漆应选择(　　)。

(A)铁红醇酸底漆　　　(B)铁红酯胶底漆　　　(C)锌黄环氧底漆　　　(D)过氯乙烯底漆

77. 全世界每年因腐蚀而损失的钢铁高达钢铁年产量的(　　)。

(A)0.1%~0.5%　　　(B)1%~5%　　　(C)20%~25%　　　(D)30%~35%

78. 国际上涂料的分类方法很多,但较为广泛采用的是按涂料的(　　)进行分类的方法。

(A)作用　　　(B)成膜物质　　　(C)用途　　　(D)颜色

79. 根据涂料命名原则,其颜色的命名位于名称的(　　)。

(A)前面或后面　　　(B)中间　　　(C)最后面　　　(D)最前面

80. 天然树脂类涂料的类别代号是(　　)。

(A)Y　　　(B)T　　　(C)S　　　(D)R

81. "C"代表(　　)树脂类涂料。

(A)聚酯　　　(B)硝基　　　(C)醇酸　　　(D)酚醛

82. "诱导时间"("熟化时间")是指(　　)。

(A)涂料自生产日期以来已储存的时间　　　(B)新施工人员的培训期

(C)涂料混合后可使用的时间　　　(D)涂料混合后,在使用前必须放置的时间

83. 醇酸磁漆的型号是(　　)。

(A)C04-2　　　(B)Y01-1　　　(C)F03-1　　　(D)Q02-1

84. 有机硅耐热漆的型号是(　　)。

(A)C04-5　　　(B)G07-4　　　(C)W61-37　　　(D)N03-4

85. 在油基漆中,树脂:油为(　　)以下者为短油度。

(A)1:2　　　(B)1:2.5　　　(C)1:3　　　(D)1:5

86. 大漆属于(　　)类涂料。

(A)合成树脂　　　(B)油基　　　(C)天然树脂　　　(D)硝基

87. 聚氨酯漆大多是(　　)型涂料。

(A)单组分自干　　　(B)双组分自干　　　(C)双组分烘干　　　(D)单组分烘干

88. 在各种涂料中,耐高温性最好的是( )树脂涂料。

(A)有机硅　　　　　(B)聚酯　　　　　(C)硝基　　　　　(D)环氧

89. 建筑物内外墙的装饰通常采用的是( )涂料。

(A)油脂类　　　　　(B)水乳性　　　　　(C)天然树脂　　　　　(D)醇酸

90. 对有色金属腐蚀危害最严重的气体是( )。

(A)SO_2　　　　　(B)H_2O　　　　　(C)CO_2　　　　　(D)H_2

91. 露天放置的钢铁设备在雨后表面上积水所产生的腐蚀称为( )。

(A)缝隙腐蚀　　　　　(B)积液腐蚀　　　　　(C)沉积物腐蚀　　　　　(D)氧化腐蚀

92. 能与碱起反应生成肥皂和甘油的油类叫作( )。

(A)皂化油　　　　　(B)非皂化油　　　　　(C)矿物油　　　　　(D)石油

93. 矿物油属于( )。

(A)皂化油　　　　　(B)油脂　　　　　(C)煤焦油　　　　　(D)非皂化油

94. 油脂的主要成分是( )。

(A)甘油　　　　　(B)脂肪　　　　　(C)脂肪酸盐　　　　　(D)机油

95. 20世纪80年代以来,国内大力推广应用的脱脂剂是( )。

(A)水基清洗剂　　　　　(B)碱液处理剂　　　　　(C)有机溶剂　　　　　(D)酸液处理剂

96. 氢氧化钠是一种( ),是化学脱脂液中的主要成分。

(A)碱性盐类　　　　　(B)强碱　　　　　(C)强酸　　　　　(D)弱酸

97. 矿物油在一定条件下与碱形成( )。

(A)皂化液　　　　　(B)乳化液　　　　　(C)胶体溶液　　　　　(D)透明液

98. 被处理工件的面漆表面清理时,所使用的砂粒标准粒度应该是( )目。

(A)220~320　　　　　(B)60~80　　　　　(C)120~220　　　　　(D)100~120

99. 被处理工件的底漆表面清理时,所使用的砂粒标准粒度应该是( )目。

(A)30~40　　　　　(B)60~80　　　　　(C)120~220　　　　　(D)100~120

100. 清除被处理工件的氧化皮,所使用的砂粒标准粒度应该是( )目。

(A)600~700　　　　　(B)180~200　　　　　(C)320~400　　　　　(D)30~40

101. 通过改变压缩空气的压力来改变被喷砂工件表面粗糙度是( )喷砂的特点。

(A)雾化　　　　　(B)水-气　　　　　(C)水　　　　　(D)干式

102. 具有双层壁的焊接件的表面预处理不宜采用( )。

(A)干喷砂　　　　　(B)喷砂　　　　　(C)湿喷砂　　　　　(D)气喷砂

103. 湿喷砂时,水砂的比例应低于10:2,但一般以控制在( )为宜。

(A)3:7　　　　　(B)7:3　　　　　(C)7:5　　　　　(D)4:6

104. 硫酸除锈液中,缓蚀剂的用量应控制在( )之间。

(A)0.1~0.3 g/L　　　　　(B)1~3 g/L　　　　　(C)10~30 g/L　　　　　(D)100~300 g/L

105. 磷化膜的厚度一般控制在( )的范围内。

(A)0.05~0.15 μm　　　　　(B)0.5~1.5 μm　　　　　(C)5~15 μm　　　　　(D)50~150 μm

106. 检测磷化液的总酸度和游离酸度,可用( )的氢氧化钠标准溶液进行滴定。

(A)0.1 mol　　　　　(B)1 mol　　　　　(C)10 mol　　　　　(D)100 mol

107. 形成铁系磷化膜的槽液成分是( )。

(A)磷酸锰　　　　　(B)硫酸铜　　　　　(C)磷酸钙　　　　　(D)磷酸铁

108. 形成锌和铁系磷化膜的槽液成分是磷酸铁和(　　)。

(A)磷酸锌　　　　　(B)磷酸锰　　　　　(C)磷酸钙　　　　　(D)磷酸钡

109. 亚硝酸钠和硝酸钠可作为钢铁工件发蓝处理时的(　　)。

(A)氧化剂　　　　　(B)络合剂　　　　　(C)活性剂　　　　　(D)还原剂

110. 高纯铝-镁合金的电化学抛光液是由(　　)和铬酐组成的。

(A)磷酸　　　　　(B)硝酸　　　　　(C)盐酸　　　　　(D)醋酸

111. 在磷酸盐-铬酸盐氧化处理液中,磷酸盐最适合的含量是(　　)mL/L。

(A)0.5~0.6　　　　(B)5~6　　　　(C)50~60　　　　(D)8~10

112. 下列不是涂层起泡的潜在原因的是(　　)

(A)基材上的可溶性化学盐类　　　　　(B)涂膜中的可溶性颜料

(C)阴极保护　　　　　(D)涂层薄

113. 用碳酸钠、苛性钠和(　　)按一定比例配制成的碱性氧化液,可用于铝及铝合金工件的化学氧化处理。

(A)氯化钠　　　　　(B)铬酸钠　　　　　(C)氟化钠　　　　　(D)硝酸钠

114. 用铬酐、重铬酸钠和(　　)按一定比例配成的溶液,可以进行铝及铝合金工件的铬酸盐氧化处理。

(A)碳酸钠　　　　　(B)氢氧化钠　　　　　(C)氟化钠　　　　　(D)硝酸钠

115. 镁合金工件在由重铬酸钾、铬酐、硫酸氨和醋酸组成的溶液中进行化学氧化处理时,所得到的氧化膜呈现(　　)色。

(A)金黄到深棕　　　　　(B)草黄　　　　　(C)深灰　　　　　(D)蓝

116. 镁合金工件在由重铬酸钠和(　　)组成的溶液中进行化学氧化处理时,所得到的氧化膜呈现深褐色到黑色。

(A)醋酸　　　　　(B)硫酸铵　　　　　(C)硫酸钠　　　　　(D)铬酐

117. 氨水或(　　)可调整钛及钛合金工件阳极化溶液的 pH 值。

(A)硝酸　　　　　(B)磷酸三钠　　　　　(C)硫酸　　　　　(D)磷酸

118. 用重铬酸钠和(　　)按一定比例配制的溶液,可以退除瓷质阳极氧化膜。

(A)磷酸　　　　　(B)硫酸　　　　　(C)草酸　　　　　(D)硝酸

119. 对含有有毒颜料(如红丹、铅铬黄等)的涂料,应以(　　)为宜。

(A)刷涂　　　　　(B)喷涂　　　　　(C)电泳　　　　　(D)浸涂

120. 喷漆最普遍采用的方法是(　　)。

(A)静电喷涂法　　(B)高压无气喷涂法　　(C)空气喷涂法　　(D)混气喷涂法

121. 磷化底漆的稀释剂使用(　　)的混合溶液。

(A)二甲苯和汽油　　(B)甲苯和丁醇　　(C)乙醇和丁醇　　(D)汽油和丁醇

122. 红外线干燥设备属于(　　)。

(A)对流式　　　　　(B)热辐射式　　　　　(C)电磁感应式　　　　　(D)热气式

123. 硝基类的稀释剂常用(　　)。

(A)甲苯　　　　　(B)乙醇　　　　　(C)香蕉水　　　　　(D)汽油

124. 电泳涂料是以(　　)为溶剂。

(A)甲苯或汽油　　　　　　　　　　(B)香蕉水或松节油

(C)蒸馏水或去离子水　　　　　　　(D)硫酸

125. 涂料涂层形成的主要条件是(　　)。

(A)涂装方法　　　(B)涂料的干燥　　　(C)涂装四要素　　　(D)喷枪

126. 产品涂装前的表面状态应该具有(　　)表面。

(A)非常光滑的　　　　　　　　　　(B)无锈蚀、无油污但相当粗糙的

(C)一定的平整度和允许的粗糙度　　(D)脏污的

127. 电泳、静电喷涂、粉末静电喷涂工艺被称为涂装新技术,是因为(　　)。

(A)从外国引进

(B)以前没有使用过

(C)是新的科学研究成果,且工艺先进、涂层具有优良性能

(D)比刷涂先进

128. 用扁型刷刷涂时,刷子蘸涂料不宜过多,但需浸满全刷的(　　)。

(A)1/3　　　(B)1/3～2/3　　　(C)1/4　　　(D)1/2～2/3

129. 若漆刷已硬化,可将其浸在(　　)中,使漆膜松软,再用铲刀刮去漆皮。

(A)强溶剂　　　(B)水　　　(C)漆液　　　(D)弱溶剂

130. 软刮具是用(　　)制成的。

(A)耐油橡胶　　　(B)钢材　　　(C)木材　　　(D)塑料

131. 喷涂喷出的漆雾流方向,应当尽量(　　)于物体表面。

(A)平行　　　(B)垂直　　　(C)呈 45°角　　　(D)呈 120°角

132. 未经清理干净的工件表面(　　)磷化。

(A)不能　　　(B)难以　　　(C)可以　　　(D)容易

133. 涂膜的等级标准,按精度要求可分为(　　)个等级。

(A)三　　　(B)八　　　(C)五　　　(D)四

134. 喷涂或浸涂的粘度与刷涂相比,应(　　)。

(A)高些　　　(B)低些　　　(C)差不多　　　(D)差太多

135. 手工打磨与机械打磨相比,手工打磨的效率(　　)。

(A)很低　　　(B)高　　　(C)较高　　　(D)一样

136. 一般能经受(　　)℃以上高温的涂料,称为高温涂料。

(A)100　　　(B)200　　　(C)300　　　(D)600

137. 中间层涂料一般应在(　　)的前面喷涂。

(A)面漆　　　(B)腻子　　　(C)底漆　　　(D)沥青浆

138. 刮腻子的主要目的是(　　)。

(A)提高涂层的外观美　　　　　　　(B)提高涂层的保护性

(C)提高涂层的附着力　　　　　　　(D)降低光滑程度

139. 涂料出厂前必须进行(　　)检查。

(A)颜色　　　(B)重量　　　(C)标准试样　　　(D)粘度

140. 干燥涂膜表面呈砂粒状的颗粒,可能属于(　　)。

(A)涂料制造中的原因　　　　　　　(B)涂料涂装中的原因

(C)涂料制造或涂装中的原因　　　　　　　(D)风沙所致

141. 涂料因过期储存造成太稠或太稀,其补救方法是用(　　)调整。

(A)水　　　　　　(B)配套树脂　　　　　(C)配套颜料　　　　　(D)配套稀释剂

142. 下列涂料特性不能通过选择和添加颜料或填充料进行改变的是(　　)

(A)光泽　　　　　　(B)颜色　　　　　　(C)固化进程　　　　　(D)柔韧性

143. 在醇酸漆或油基漆上加涂硝基漆时,极易产生(　　)。

(A)针孔　　　　　　(B)泛白　　　　　　(C)咬底　　　　　　(D)流坠

144. 易咬起底涂层的涂料是(　　)。

(A)硝基漆　　　　　(B)醇酸漆　　　　　(C)电泳漆　　　　　(D)酚醛漆

145. 涂料干燥全过程的物理和化学变化必须得到(　　),方可形成牢固的、性能优良的涂层。

(A)基本满足　　　　(B)部分满足　　　　(C)充分满足　　　　(D)一点

146. 新型高分子合成树脂涂料,其组分绝大多数是由(　　)组成,有着一系列的物理和化学性质。

(A)物理合成物质　　(B)化学合成物质　　(C)混合物　　　　　(D)单体

147. 阳极电泳涂装槽液的 pH 值(　　)。

(A)大于 7　　　　　(B)小于 7　　　　　(C)等于 7　　　　　(D)等于 0

148. 环氧酯类、酯胶类涂料,开桶后桶盖不严就会产生(　　)。

(A)浑浊　　　　　　(B)结皮　　　　　　(C)沉淀　　　　　　(D)分层

149. 涂膜易产生发白的涂料是(　　)。

(A)醇酸底漆　　　　(B)氨基醇酸底漆　　(C)磷化底漆　　　　(D)沥青漆

150. 适用于不锈钢工件涂装的底漆是(　　)。

(A)铁红醇酸底漆　　　　　　　　　　　(B)磁化铁酚醛底漆

(C)铁红环氧底漆　　　　　　　　　　　(D)锌黄环氧底漆

151. 光与色的关系是(　　)。

(A)不可分的　　　　(B)可分的　　　　　(C)密切的　　　　　(D)不密切的

152. 红色光波的波长是(　　)nm。

(A)570～590　　　　(B)500～570　　　　(C)450～500　　　　(D)300～400

153. 点状腐蚀并渗透至金属,这种作用称作(　　)。

(A)局部腐蚀　　　　(B)阴极渗透　　　　(C)漆下腐蚀　　　　(D)点蚀

154. 孟塞尔色立体用字母"R"表示(　　)。

(A)红色　　　　　　(B)黄色　　　　　　(C)青色　　　　　　(D)蓝色

155. 两种原色相混合能得(　　)。

(A)间色　　　　　　(B)补色　　　　　　(C)复色　　　　　　(D)黑色

156. 判断涂料调配的颜色是否准确,应当待涂膜样板(　　)与标准色卡进行对比。

(A)干燥后　　　　　(B)表干后　　　　　(C)未干燥时　　　　(D)涂 1 小时后

157. 涂料配色应当用(　　)相混调制才能准确。

(A)原色涂料　　　　(B)复色涂料　　　　(C)邻近色涂料　　　(D)补色涂料

158. 用酚醛漆调配机床灰,通常用白色酚醛漆、黑色酚醛漆和(　　)酚醛漆。

(A)中黄 (B)浅黄 (C)铁黄 (D)蓝色

159. 氧化锌简称锌白,是一种( )白色颜料。
(A)酸性 (B)中性 (C)钛白 (D)碱性

160. 用颜料调配水蓝色,常以钛白颜料为主,加浅黄色和( )颜料。
(A)酞青蓝 (B)铁蓝 (C)士林蓝 (D)紫色

161. 在颜料混合中,红和绿是一对( )。
(A)间色 (B)互补色 (C)复色 (D)基色

162. 以适当比例混合互补颜色,得到的是( )。
(A)白色 (B)黑色 (C)深灰色 (D)蓝色

163. 金属闪光涂料的涂膜厚度一般控制在( )左右。
(A)5 μm (B)15 μm (C)30 μm (D)60 μm

164. 建筑行业中采用最多的涂装方法是( )。
(A)喷涂 (B)刷涂或辊涂 (C)高压无气喷涂 (D)浸涂

165. 防锈底漆应当涂刷在( )表面上。
(A)涂刮了腻子的 (B)涂刷过的中涂漆
(C)涂刷过的面漆 (D)前处理过的干净金属

166. ( )是指产品能够满足使用要求所具备的特性,一般包括性能、可靠性、寿命、安全性、经济性以及外观等。
(A)服务质量 (B)产品特性 (C)产品要求 (D)产品质量

167. ( )即产品在规定时间内和规定条件下,完成规定功能的能力。
(A)外观 (B)寿命 (C)可靠性 (D)安全性

168. 质量目标在 ISO 9000 标准的定义是( )。
(A)在质量方面所追求的目的 (B)判定产品合格程度的术语
(C)用于质量管理人员对产品等级的判定 (D)企业评价产品质量的依据之一

169. 工序检验的目的是在加工过程中防止出现( ),避免不合格品流入下道工序。
(A)缺陷 (B)半成品 (C)次品 (D)大批不合格品

170. 电镀废水的排放标准分为直接排放到地表水的标准和经过污水处理厂间接排放的标准,前者比后者要求( )。
(A)更低 (B)更高 (C)相同 (D) 无关

三、多项选择题

1. 涂装技术发展的主题是( )。
(A)减少涂装公害 (B)降低涂装成本 (C)提高涂装质量 (D)赢得市场订单

2. 丙烯酸乳胶漆一般由( )组成。
(A)丙烯酸类乳液 (B)颜填料 (C)水 (D)助剂

3. 溶剂型丙烯酸漆可分为( )。
(A)自干型 (B)热塑型 (C)交联固化型 (D)热固型

4. 双组分聚氨酯涂料一般由异氰酸酯预聚物和含羟基树脂两部分组成,通常称为( )。

（A)固化剂组分　　　　(B)主剂组分　　　　(C)一级组分　　　　(D)二级组分

5. 硝基漆溶剂主要有(　　)等主溶剂,醇类等助溶剂,以及苯类等稀释剂。

(A)醇类　　　　　　　(B)酯类　　　　　　(C)酮类　　　　　　(D)醇醚类

6. "达克罗"即锌铬涂层,是一种新型的(　　)涂层。

(A)装饰性　　　　　　(B)环保型　　　　　(C)标识性　　　　　(D)耐腐蚀

7. 达克罗与传统的电镀锌类相比突出的优点是(　　)。

(A)无氢脆　　　　　　　　　　　　　　　(B)耐腐蚀性能好

(C)在涂覆全过程中无废水、废气排放　　　(D)对环境无污染

8. 碱液清洗按其操作方式不同分为(　　)。

(A)浸渍法　　　　　　(B)喷淋法　　　　　(C)刷洗法　　　　　(D)滚筒法

9. 清洗工艺方法选择的依据为(　　)。

(A)对除油质量的要求　　　　　　　　　　(B)工件的形状大小

(C)生产条件　　　　　　　　　　　　　　(D)经济性

10. 常用的除油溶剂有(　　)。

(A)200 号溶剂汽油　　　　　　　　　　　(B)120 号汽油

(C)高沸点石油醚　　　　　　　　　　　　(D)煤油

11. 溶剂清洗一般采用的方法有(　　)。

(A)擦洗、浸洗　　　　(B)喷射清洗　　　　(C)超声清洗　　　　(D)蒸汽清洗

12. 涂料的作用包括(　　)。

(A)防护作用　　　　　(B)装饰作用　　　　(C)标识作用　　　　(D)特殊作用

13. 除锈包括除(　　),除锈方法分为机械法、化学法。

(A)铁锈　　　　　　　　　　　　　　　　(B)氧化皮

(C)其他金属的腐蚀产物　　　　　　　　　(D)钝化膜

14. 磷化膜的外观检验符合(　　)。

(A)磷化后工件表面应为浅灰色到深灰色或为彩色

(B)磷化膜应结晶致密、连续和均匀

(C)颜色必须均匀一致

(D)磷化膜必须呈亚光状态

15. 磷化后的工件,具有下列(　　)情况或者其中之一者为允许缺陷。

(A)轻微的水迹,重铬酸盐的痕迹,擦白及挂灰现象

(B)由于局部热处理,焊接以及表面加工状态的不同,造成颜色和结晶不均匀

(C)在焊缝的气孔或夹渣处无磷化膜

(D)以上都不是

16. 磷化后的工件,具有下列(　　)情况或者其中之一者为不允许缺陷。

(A)疏松的磷化膜层

(B)有锈蚀或绿斑

(C)局部无磷化膜(焊缝的气孔或夹渣处除外)

(D)表面严重挂灰

17. 关于磷化膜与漆膜的配套性,下面说法正确的是(　　)。

(A)需要测定它们的耐腐蚀性

(B)需要测定它们的附着力

(C)需要测定它们的柔韧性

(D)只需测定附着力就可以满足性能检测要求

18. 测定磷化膜与漆膜的附着力性能的方法有(　　)。

(A)划圈法　　　　(B)划格法　　　　(C)粘接力测定法　　(D)划 X 测定法

19. 金属表面的钝化就是用化学方法,在金属表面形成一层致密的钝化膜,常用的钝化剂有(　　)。

(A)亚硝酸盐　　　(B)硝酸盐　　　　(C)铬酸盐　　　　(D)重铬酸盐

20. 涂装方法的选用原则,下列说法正确的是(　　)。

(A)根据涂料的物性选择　　　　　　(B)根据涂料的施工性能选择

(C)根据被涂物的类型、大小形状选择　　(D)根据产品的交货期选择

21. 涂装工艺一般由若干道工序组成,主要分为(　　)几个步骤。

(A)涂装前表面处理　　　　　　　　(B)涂装

(C)漆膜干燥　　　　　　　　　　　(D)缺陷修复

22. 空气喷涂的特点是(　　)。

(A)涂布量大　　　(B)效率高　　　　(C)涂膜均匀美观　　(D)适用范围广

23. 空气喷枪按结构可分为(　　)。

(A)重力式喷枪　　(B)吸上式喷枪　　(C)压送式喷枪　　　(D)自动式喷枪

24. 喷涂方法是指(　　)。

(A)喷涂距离　　　　　　　　　　　(B)喷涂速度

(C)喷枪运行路线　　　　　　　　　(D)漆雾图样搭接程度

25. 喷漆过程中最佳的温、湿度要求是(　　)。

(A)15℃~35℃　　(B)18℃~25℃　　(C)75％以下　　　　(D) 80％以下

26. 干式喷漆室的排风性能取决于(　　)。

(A)排风机排风量的大小　　　　　　(B)排风机风压的高低

(C)排风机功率大小　　　　　　　　(D)喷漆室排风方式

27. 喷漆室可分为(　　)两大类。

(A)干式喷漆室　　　　　　　　　　(B)湿式喷漆室

(C)水帘式喷漆室　　　　　　　　　(D)无泵式喷漆室

28. 静电喷涂工艺通常需要控制的参数有(　　)。

(A)静电涂装的电压　　　　　　　　(B)静电喷涂的距离

(C)静电喷枪的布置位置　　　　　　(D)静电涂装用涂料介电常数、电阻值

29. 浸涂设备比较简单,一般根据生产方式和产量的不同有(　　)。

(A)间歇式　　　　(B)连续式　　　　(C)分层式　　　　　(D)分离式

30. 适合浸涂漆的工件需符合的条件有(　　)。

(A)漆膜质量要求不高　　　　　　　(B)不存漆

(C)质量要求高　　　　　　　　　　(D)工件结构不限制

31. 控制浸涂过程的主要参数有(　　)。

(A)温度　　　　　　(B)粘度　　　　　　(C)湿度　　　　　　(D)厚度

32. 电泳涂装可分为(　　)。

(A)水溶性电泳　　(B)溶剂型电泳　　(C)阳极电泳　　(D)阴极电泳

33. 以下关于电泳的说法,错误的是(　　)。

(A)电泳涂装是通过两极之间通直流电使得涂料粒子在被涂物表面沉积成膜的一种涂装
　　方式

(B)电泳涂装是通过两极之间通交流电使得涂料粒子在被涂物表面沉积成膜的一种涂装
　　方式

(C)电泳涂装具有生产效率高、膜厚均匀、漆膜附着力好、耐腐蚀性强等优点

(D)电泳涂装有设备复杂、投资大、耗电量大、生产管理简单等特点

34. 以下关于粉末涂料的说法,正确的是(　　)。

(A)是粉末状无溶剂涂料

(B)不需要稀释调整粘度

(C)本身不会流动,依靠静电或加热使其吸附

(D)具有光泽高的特点

35. 漆膜的干燥方法有(　　)。

(A)自然干燥　　　(B)加热干燥　　　(C)照射固化　　　(D)无需干燥

36. 未烘干的漆膜进入烘干室后经历的干燥过程是(　　)。

(A)升温　　　　　(B)保温　　　　　(C)流平　　　　　(D)冷却

37. 影响漆膜干燥的因素有(　　)。

(A)温度　　　　　(B)空气相对湿度　　(C)干燥时间　　　(D)升温梯度

38. 下述涂料类型中,污染较小的涂料是(　　)。

(A)水性涂料　　　(B)溶剂型涂料　　(C)高固体分涂料　(D)达克罗

39. 关于涂装车间的描述正确的是(　　)。

(A)是对环境污染比较严重的车间　　　　(B)是易燃易爆的车间

(C)是安全防火的重点车间　　　　　　　(D)是对操作人员健康有害的车间

40. 涂装过程中产生废渣的来源有(　　)。

(A)涂装前处理工序中产生的沉淀物　　　(B)涂漆过程中产生的废渣

(C)已变质或干结的涂料　　　　　　　　(D)废水处理过程中产生的沉渣

41. 有机物废渣处理一般采用的方法有(　　)。

(A)燃烧法　　　　(B)溶解法　　　　(C)掩埋法　　　　(D)化学法

42. 表面活性剂有(　　)两个基团。

(A)亲水基　　　　(B)亲油基　　　　(C)乳化剂　　　　(D)皂化剂

43. 良好的酸洗工艺是镀层与基体金属结合力的重要保证,酸洗可分为(　　)。

(A)强酸洗　　　　(B)弱酸洗　　　　(C)光滑酸洗　　　(D)光亮酸洗

44. 常用的 Zn-Fe 合金镀液有(　　)体系等。

(A)硫酸盐　　　　(B)氯化物　　　　(C)碱性锌酸盐　　(D)焦磷酸盐

45. 表面粗糙度的测定可分为(　　)两大类。

(A)接触式　　　　(B)局部测定　　　(C)整体测定　　　(D)非接触式

46. 电镀层内应力有( )两种。
(A)宏观应力 (B)集聚应力 (C)接缝应力 (D)微观应力

47. 以下对宏观应力不消除可能产生的后果,表述正确的是( )。
(A)引起镀层在存储、使用过程中产生气泡现象
(B)引起镀层在存储、使用过程中开裂、剥落现象
(C)引起压力腐蚀和降低抗疲劳强度
(D)以上都对

48. 涂膜表面打磨后出现砂纸印的原因,说法正确的是( )。
(A)涂层未干透就打磨
(B)涂层未冷却就打磨
(C)被涂物基材表面状态不良,有极深的锉刀印
(D)以上都不正确

49. 漆膜表面出现颗粒与杂物的原因,说法不正确的是( )。
(A)来自衣物或鞋子上的灰尘、污物、线纱等带入喷涂车间
(B)喷涂前彻底将基材表面的灰尘清除干净
(C)喷涂前彻底将基材表面的油污清除干净
(D)喷漆室进风过滤不彻底

50. 涂料主要由( )三大部分组成。
(A)主要成膜物质 (B)次要成膜物质
(C)辅助成膜物质 (D)其他物质

51. 涂料具有的功能有( )。
(A)装饰功能 (B)标识功能 (C)特殊功能 (D)防护功能

52. 打磨性是漆膜或腻子层,经用砂纸等材料打磨后,产生( )表面的难易程度。
(A)平整 (B)无光 (C)饱满 (D)无划痕

53. 以下关于涂料助剂表述准确的是( )。
(A)涂料助剂又称添加剂
(B)涂料助剂不是成膜物质,只占涂料总量的百分之几
(C)涂料助剂足以影响和改善涂料的性能
(D)涂料助剂反映涂料的发展水平

54. 溶剂的选择依据是( )。
(A)溶解能力 (B)挥发性 (C)闪点 (D)毒性和价格

55. 颜料可分为( )。
(A)无机颜料 (B)有机颜料 (C)体质颜料 (D)特殊颜料

56. 颜料是一种微细粉末状的有色物质,一般不溶于( ),但能均匀的分散在其中。
(A)水 (B)油 (C)溶剂 (D)都不溶

57. 涂料用树脂按来源可分为( )。
(A)单一树脂 (B)天然树脂 (C)改性树脂 (D)合成树脂

58. 关于涂料喷涂过厚表述正确的是( )。
(A)浪费涂料

(B)涂层的质量会受到负面影响

(C)挥发性涂料溶剂会残留在漆膜中

(D)出现表层软下层干,引起涂层起泡与底材的结合力不好

59. 涂层出现针孔后的修补措施描述正确的是( )。

(A)打磨受影响的漆膜至能确实消除针孔的深度再重喷

(B)除去受损的漆面露出底材后重喷

(C)不可试图以连续干喷来填补针孔

(D)腻子层经打磨后而显露的针孔,应以刮刀与被涂平面成适当角度涂布一薄层腻子

60. 以下对于涂装作业中产生的大量有毒有害物质说法正确的是( )。

(A)被人体吸入会降低人体抵抗力

(B)会诱发职业性疾病甚至中毒死亡

(C)排放至大气中会对空气质量造成不良影响

(D)涂装车间应对有害物质进行过滤处理后排放

61. 高压无气喷涂设备包括( )以及喷枪等,并带移动小车。

(A)高压泵　　　(B)蓄压器　　　(C)油漆过滤器　　　(D)高压软管

62. 钢材物理处理包括手工除锈和喷砂,手工除锈的缺点有( )。

(A)生产效率低　　　　　　　(B)职工劳动强度大

(C)质量不稳定　　　　　　　(D)不适宜批量作业

63. 喷砂是采用压缩空气为动力形成高速喷射束喷射磨料,常用的磨料有( )等。

(A)铜矿砂　　　(B)石英砂　　　(C)铁砂　　　(D)金刚砂

64. 以下对于喷砂的描述正确的是( )。

(A)高速喷射到需处理工件表面,通过砂料对工件表面的冲击和切削作用,使工件表面获得一定的清洁度和不同的粗糙度

(B)使工件的机械性能得到改善

(C)提高工件的抗疲劳性,增加了它和涂层之间的附着力

(D)延长涂膜的耐久性,但是不利于涂料的流平和装饰

65. 表面清洁度的检查应在( )进行。

(A)任何表面处理活动开始前　　　(B)表面处理后,涂装开始前

(C)多道涂层体系中的每道涂层施工之间　　(D)油漆完工报验后

66. 影响电泳迁移率的因素是( )。

(A)电场强度　　　　　　　(B)溶液的 pH 值

(C)溶液的离子强度　　　　　(D)电渗

67. 以下关于金属腐蚀的过程描述正确的有( )。

(A)可以是一种化学反应,而更多时候是一种电化学反应

(B)电化学腐蚀与电镀的原理相似,都是由于材料本身足以产生电化学反应所导致

(C)金属腐蚀是金属的剥离,电镀则是金属的覆层

(D)以上说法都不对

68. 电化学腐蚀的概念表述正确的有( )。

(A)通常有两种异质金属或金属中足以构成电位差的两极

(B)在一种电解质相连的环境中产生

(C)阳极金属持续失去金属离子而被腐蚀

(D)以上都对

69. 影响金属腐蚀的因素有( )。

(A)大气中原有水分和尘埃 　　　　(B)二氧化硫

(C)硫化氢 　　　　(D)电解质成分

70. 颜色有( )三个显著的特性,通常被称为色的三属性,它们是区分和辨别不同颜色的主要技术依据。

(A)色相 　　　(B)明度 　　　(C)纯度 　　　(D)饱和度

71. 以下颜色不属于补色的是( )。

(A)红色 　　　(B)黄色 　　　(C)黑色 　　　(D)蓝色

72. 在色漆配色过程中,主要是利用颜色的( )三要素来调制复色漆的。

(A)色调 　　　(B)彩度 　　　(C)明度 　　　(D)鲜艳度

73. 关于人工配制色漆表述正确的是( )。

(A)结合工艺了解需配制的颜色由哪几种颜料组成,区分出主色、辅色

(B)调色时要先配制小样,再配制大样

(C)调色操作的基本原则是"由浅入深,先调深浅,后调色调"

(D)无论调什么色,每次加入色漆都要充分搅拌均匀,防止调色误差

74. 进行涂装作业时必须穿戴的劳动保护用品包括( )。

(A)防静电绝缘鞋 　　(B)防毒口罩 　　(C)安全帽 　　(D)防护服

75. 以下关于涂装安全相关内容说明正确的是( )。

(A)进入涂装作业场所不得携带烟火

(B)喷涂作业时,喷涂场所出现明火必须立即停止

(C)距离地面 2 m 以上喷涂作业时必须系好安全带

(D)以上都不对

76. 对于表面处理的重要性,以下说法正确的是( )。

(A)增加防护层的附着力,延长其使用寿命

(B)减少引起金属腐蚀及非金属破坏的因素

(C)便于后续工序的顺利进行

(D)增加防护层的光泽度

77. 碱液清洗包括( )几种方法。

(A)喷淋法 　　　(B)浸渍法 　　　(C)滚筒法 　　　(D)电解法

78. 化学除锈常用的酸有( )。

(A)盐酸 　　　(B)硫酸 　　　(C)氢氟酸 　　　(D)酒石酸

79. 化学除锈的原理说法正确的是( )。

(A)通过化学性的溶解作用

(B)通过酸与锈或金属氧化物起化学反应,生产可溶性盐类

(C)通过碱与锈或金属氧化物起化学反应,生产可溶性盐类

(D)以上说法都对

80. 以下关于粉末涂料的说法正确的有(　　　)。

(A)指不以有机溶剂或水为分散介质,呈粉末状的一类涂料

(B)以水为分散介质的一类涂料

(C)用静电喷涂或流化床法涂敷于物体表面上,经烘烤熔融形成均匀涂膜的一类涂料

(D)是100%固体分的一类涂料

81. 粉末涂料的优点有(　　　)。

(A)无溶剂、不挥发、不容易着火

(B)粉末可回收,利用率100%

(C)涂膜耐水性、耐磨性、耐腐蚀性好

(D)装饰效果好,换色容易,可实现机械化生产

82. 以下关于淋涂工艺的优缺点表述正确的是(　　　)。

(A)生产效率高　　　　　　　　　　(B)材料浪费少

(C)膜厚不均　　　　　　　　　　　(D)适于简单工件的大批量涂装

83. 以下关于辊涂说法错误的是(　　　)。

(A)生产效率低　　　　　　　　　　(B)便于流水线生产

(C)采用低粘度涂料　　　　　　　　(D)适于板材、卷材的大批量涂漆

84. 质量和要求一样也有特定对象,包括(　　　)。

(A)产品质量　　　　(B)过程质量　　　　(C)体系质量　　　　(D)售后质量

85. 根据质量特性指标性质的不同,质量特性值可分为(　　　)两大类。

(A)计数值　　　　(B)数值　　　　(C)规格　　　　(D)计量值

86. 质量管理基础工作主要包括(　　　)和质量信息工作。

(A)质量教育工作　　　(B)标准化工作　　　(C)计量工作　　　(D)质量责任制

87. 质量管理教育包括三个基本内容(　　　)。

(A)质量范围　　　　　　　　　　　(B)质量意识教育

(C)质量管理知识教育　　　　　　　(D)专业技术教育

88. 标准按其性质可分为(　　　)三类。

(A)技术标准　　　　(B)质量标准　　　　(C)管理标准　　　　(D)工作标准

89. 全面质量管理的特点是(　　　)。

(A)全面的质量管理

(B)全过程的质量管理

(C)全员参加的质量管理

(D)全面质量管理采用的方法是科学的、多种多样的

90. PDCA由英文的(　　　)几个词的第一个字母组成,反映了质量管理必须遵循的四个阶段。

(A)计划(Plan)　　　(B)执行(Do)　　　(C)检查(Check)　　　(D)处理(Action)

91. 以下对于PDCA描述正确的是(　　　)。

(A)第一阶段为P阶段。即要适应顾客的要求,并以取得经济效益为目标,通过调查、设计、试制,制定技术经济指标、质量目标,以及达到这些目标的具体措施和方法,这就是计划阶段

(B)第二阶段为D阶段。即要按照所指定的计划和措施去实施,这就是执行阶段

(C)第三阶段为C阶段。即对照计划,检查执行的情况和效果,及时发现和总结计划实施过程中的经验和问题,这就是检查阶段

(D)第四阶段为A阶段。即根据检查的结果采取措施,巩固成绩,吸取教训,以利再干,这就是总结处理阶段

92. IRIS标准的特点是(   )。

(A)以过程为导向   (B)以顾客为核心

(C)以问题为导向   (D)以项目为核心

93. 设计输出必须包括(   )。

(A)规格和图纸   (B)材料信息

(C)生产流程图/布局   (D)工艺方法

94. 质量认证的作用描述正确的是(   )。

(A)提高供方的质量信誉和市场竞争能力

(B)促进企业完善质量管理体系,提高管理水平

(C)有利于保护消费者的利益

(D)增加社会重复评定费用

95. 流程图的特点有(   )。

(A)流程图是用一些标准的图形符号对过程进行描述

(B)可以层层展开到需要的详略程度

(C)通过流程图展示过程的输入和输出,过程中所有活动以及各个活动之间的逻辑顺序,相互关系和与其他过程的接口体系质量

(D)流程图所描述的过程可大可小

96. 质量成本的定义是指将产品保持在规定的质量水平所需的全部费用,包含(   )4个部分。

(A)预防成本   (B)鉴定成本   (C)内部损失成本   (D)外部损失成本

97. 检验包括四个基本要素有(   )。

(A)度量:采用试验、测量、化验、分析与感官检验等方法测定产品的质量特性

(B)比较:将测定结果同质量标准进行比较

(C)判断:根据比较结果,对检验项目或产品作出合格性的判定

(D)处理:对单件受检产品,决定合格放行还是不合格返工、返修或报废

98. 质量检验作为一个重要的质量职能,其表现可概括为(   )三个方面。

(A)鉴别职能   (B)把关职能   (C)奖惩职能   (D)报告职能

99. 工序检验通常有(   )三种形式。

(A)自检   (B)巡回检验   (C)首检检验   (D)末件检验

100. 三检制就是(   )相结合的一种检验制度。

(A)操作者自检   (B)工人之间互检

(C)技术人员巡检   (D)专职检验人员专检

101. 环境保护法规的目的非常明确,保护人类的健康,捍卫人类赖以维生的环境,即(   )。

(A)空气　　　　　(B)水　　　　　(C)土地　　　　　(D)食品

102. 用人单位有下列( )情形之一的,劳动者可以解除劳动合同。

(A)未按照劳动合同约定提供劳动保护或者劳动条件的

(B)未及时足额支付劳动报酬的

(C)未依法为劳动者缴纳社会保险费的

(D)用人单位的规章制度违反法律、法规的规定,损害劳动者权益的

103. 劳动者有下列( )情形之一的,用人单位可以解除劳动合同。

(A)在试用期间被证明不符合录用条件的

(B)严重违反用人单位的规章制度的

(C)严重失职,营私舞弊,给用人单位造成重大损害的

(D)劳动者同时与其他用人单位建立劳动关系,对完成本单位的工作任务造成严重影响,
　　或者经用人单位提出,拒不改正的

四、判　断　题

1. 油漆中的主要成膜物是油料。( )

2. 油漆中含有的酚醛树脂是属于天然树脂。( )

3. 油漆中含有油料以不干性油为主。( )

4. 油性漆是以油料作为主要成分。( )

5. 色漆主要是含有着色颜料。( )

6. 清漆是在漆料中加入一定防锈颜料。( )

7. 磁漆的性能比调合漆的性能好。( )

8. 底漆是起到物面的装饰作用。( )

9. 油性漆就是磁漆。( )

10. 豆油属于干性油类。( )

11. 煤油基本上无腐蚀作用。( )

12. 着色颜料在油漆中起到防锈、防腐的作用。( )

13. 调腻子的石膏粉就是无水硫酸钙。( )

14. 蓝色＋中黄色＝中绿色。( )

15. 红、黄、蓝三色常称为三原色。( )

16. 香蕉水可以稀释酚醛磁漆。( )

17. C_2H_5OH 是酒精的化学分子式。( )

18. 环氧酯就是环氧树脂。( )

19. 油漆类别代号为"T"代表油脂油漆。( )

20. 油漆类别代号为"F"代表醇酸树脂磁漆。( )

21. 硝基油漆的类别代号是"Y"。( )

22. 稀释剂必须要与油漆配套使用。( )

23. 任何一种稀释剂都不能通用。( )

24. 性质不同的清漆可以混合使用。( )

25. 硝基色漆可以与醇酸磁漆混合使用。( )

26. 油漆的材质性质不同,涂装方法也不同。( )

27. 虫胶清漆主要性能是防水性。( )

28. 虫胶清漆含虫胶树脂 30%。( )

29. 短油度的醇酸树脂含油量在 24%～25% 之间。( )

30. 预涂涂层应总是采用刷涂施工。( )

31. 湿漆膜与空气中氧发生氧化聚合反应叫作氧化干燥。( )

32. 不需要温度烘烤的油漆称为烤漆。( )

33. 油漆中加入防潮剂可加速油漆的干燥。( )

34. PQ-1 型压缩空气喷枪属于下压式的喷枪。( )

35. 磁漆、硝基漆都属于易燃危险的油漆。( )

36. 发亮的物体是光源。( )

37. 不含有机溶剂的涂料称为粉末涂料。( )

38. 金属腐蚀主要有化学腐蚀和电化学腐蚀两种。( )

39. 中绿色醇酸磁漆中主要成分是油料和松香酯。( )

40. 苯类溶剂的飞散对施工者的身体健康危害甚大。( )

41. 涂装工艺对涂装质量好坏关系不大。( )

42. 铁路机车、客车外墙板涂刮腻子是为增加涂膜的附着力。( )

43. 铁路货车金属件表面涂刷底、面漆的干膜厚度要求不低于 96 μm。( )

44. 肥皂泡上的颜色就是它本身的颜色。( )

45. 硝基漆常用的稀释剂是松香水。( )

46. 体质颜料是起增加色漆的颜色的作用。( )

47. 油漆调配是一项比较简单的工作。( )

48. 各涂层的油漆涂装,其油漆性质都可以不同。( )

49. 醇酸漆类使用的稀释剂是 200 号溶剂汽油。( )

50. 油漆涂刷方法是由外向里、由易到难。( )

51. 涂装前的表面处理好坏决定涂装的成败。( )

52. 影响涂层寿命的各种因素中,表面处理占比较大。( )

53. 涂膜质量的病态大部分是油漆质量。( )

54. 磷化膜是一种防腐涂层。( )

55. 铁路客、货车抛(喷)丸除锈是用铸铁丸、钢丸等。( )

56. 铁路客、货车辆钢结构长期处于潮湿及水的条件下,就会遭受到腐蚀。( )

57. 涂装底漆的目的是增加被涂物的防腐作用及增强附着力。( )

58. 底漆起到着色装饰作用。( )

59. 对油漆施工场地的温度,没有一定的要求。( )

60. 在不同的涂装物面上涂刮腻子,要使用不同尺寸、种类的刮刀。( )

61. 虫胶清漆不属于天然树脂类。( )

62. 油漆类别代号为"F"是环氧树脂类油漆。( )

63. 油漆中所用的油料,是以不干性油料为主。( )

64. 油漆类别代号为"A"是氨基树脂类油漆。( )

65. 油漆类别代号为"C"是聚酯树脂类油漆。（　　）

66. 常用的体质颜料锌钡白就是立德粉。（　　）

67. 颜料的颜色变化,主要是由红、蓝、黑的三种主色。（　　）

68. 棕色是由红、黑两种颜料配制而成。（　　）

69. 配油漆的颜色先后顺序是由浅到深。（　　）

70. 用颜料配制浅豆绿色,是用钛白+浅黄+铁蓝+铁黑。（　　）

71. 常用体质颜料大白粉的化学分子式是 $CaCO_3$。（　　）

72. 石膏粉的化学分子式是 Na_2SO_4。（　　）

73. 用醇类溶剂作为醇酸树脂磁漆的稀释剂。（　　）

74. 醛、酮、醇类溶剂存在油漆中,对操作者危害最小。（　　）

75. 常用脱漆剂主要含有二氯甲烷和苯的两种类型。（　　）

76. 氨基烘漆需要经过烘烤才能成膜固化。（　　）

77. 防腐性能最好的油漆是环氧树脂漆类。（　　）

78. 涂层性能的质量好坏应以涂装后检验结果为结论。（　　）

79. 油漆干燥差一点,也未必出现什么质量事故。（　　）

80. 醇酸树脂磁漆也可以用固化剂加速干燥。（　　）

81. 催干剂也可以作为固化剂使用。（　　）

82. CO4-2 是表示常用的醇酸树脂磁漆。（　　）

83. 聚氨酯双组分磁漆也可以用脱漆剂来稀释。（　　）

84. 传统腻子主要成分是石膏、清漆、干性油类、水等材料。（　　）

85. 阻尼涂料可降低薄钢板的剧烈振动程度。（　　）

86. 中间层涂层是以湿法打磨的质量最好。（　　）

87. 未经表面处理的金属材质表面不能涂装油漆。（　　）

88. 客车内顶板涂刷的油漆是白半光或无光的白色醇酸磁漆。（　　）

89. 货车外墙板涂刷的漆是黑色沥青清漆。（　　）

90. 涂-4 粘度杯是测定油漆粘度的一种仪器。（　　）

91. pH 值是表示溶液的酸、碱性的数值。（　　）

92. 电解液是表示不通电流的液体。（　　）

93. P 是表示货车的基本名称。（　　）

94. RZXL 是代表软座车的车型。（　　）

95. YZ 是代表硬座车的车型。（　　）

96. RZ 是代表硬卧车型。（　　）

97. 粉末喷涂形成的涂层均匀与否和工作的电压无关。（　　）

98. 涂装过程中所产生的"三废"是废水、废纸、废渣。（　　）

99. 用铁器敲击开启油漆桶或金属制溶剂桶时,易产生静电火花而引起火灾或爆炸。（　　）

100. 采用净化喷漆室是今后喷涂技术的发展方向。（　　）

101. 涂装工艺文件是涂装生产全过程的技术指导性文件。（　　）

102. 漆膜的实际干燥过程都需要一定的干燥温度和干燥时间。（　　）

103. 石膏粉的主要化学成分是碳酸钙。（　　　）

104. 抛丸(喷丸)打砂表面的粗糙面是在 100 μm 以上为最好。（　　　）

105. 一般而言,水磨腻子表面质量比干磨腻子表面质量高。（　　　）

106. 高固体分涂层的控制厚度为 700～1 000 μm。（　　　）

107. 温度高、辐射强对漆膜的干燥越好。（　　　）

108. 水溶性涂料也用 200 号汽油溶剂稀释。（　　　）

109. 溶剂的高沸点是在 150℃～250℃之间。（　　　）

110. 锌绿颜料是由锌黄与铁蓝制得。（　　　）

111. 涂膜加热干燥的温度在 100℃以下为低温涂料。（　　　）

112. 油漆一般性涂膜厚度为 80～100 μm。（　　　）

113. 腻子与面漆之间的中涂漆层对整个涂装体系无明显作用。（　　　）

114. 对油漆涂装场房的光线照度没有一定的要求。（　　　）

115. 腻子的涂装方法主要是刮涂。（　　　）

116. 对车辆腐蚀最厉害的气体是硫化氢气体。（　　　）

117. 涂装化学前处理是除油、除锈、磷化表面处理。（　　　）

118. 涂装方法要符合被选用油漆性能要求。（　　　）

119. 热固性丙烯酸树脂具有很高的涂饰性。（　　　）

120. 环氧树脂漆类性能的防腐性最差。（　　　）

121. 铁锈结构是外层较疏松,越向内越紧密的结构。（　　　）

122. 根据溶剂的化学成分不同,其沸点在 100℃～150℃之间为低沸点。（　　　）

123. 湿度大和阴雨天使漆膜易吸收水而膨胀,导致漆膜的破坏。（　　　）

124. 电沉积是电泳涂装的主要反应过程。（　　　）

125. 烘漆如不烘,经长期放置也能自行干燥成膜。（　　　）

126. 超温、超时间干燥对漆膜不会有什么质量问题。（　　　）

127. 环氧粉末涂料也可以用于户外产品表面涂装。（　　　）

128. 客车对漆膜附着力要求达到 0～1 级。（　　　）

129. 客车表面漆要着色颜料的细度为 30～40 μm。（　　　）

130. 橙色在油漆标记中为警戒色。（　　　）

131. 喷涂多色油漆也可选用湿碰湿的喷涂法。（　　　）

132. 红色油漆作为标记色是表示防火色和禁止色。（　　　）

133. 湿热地区易对油漆膜产生霉菌破坏。（　　　）

134. 油漆装饰性的膜厚为 1 000～1 500 μm。（　　　）

135. 铁红主要成分是红丹。（　　　）

136. 钛白粉的主要成分是二氧化钛。（　　　）

137. 漆膜发白的原因主要是受到高温的影响。（　　　）

138. 体质颜料的粒度要求直径为 8～10 μm。（　　　）

139. pH 值是影响电泳涂膜质量的主要因素之一。（　　　）

140. 采用高压水除锈是一种表面处理新技术。（　　　）

141. 机、客、货车内外表面抛丸(喷丸)处理是为了清除锈垢、旧漆皮等。（　　　）

142. 粉末涂料是采用溶剂来稀释使用。（　　）

143. 常用二甲苯溶剂属于一级易燃易爆危险产品。（　　）

144. 空气喷涂法是油漆利用率最低的涂装方法。（　　）

145. 环氧树脂类涂料的绝缘性能很优良。（　　）

146. 油漆涂膜的厚薄不是衡量防腐性好与坏的一个因素。（　　）

147. 一般内墙涂料也可以作户外的装饰性漆。（　　）

148. 污染较小的水性涂料是今后涂料技术发展应用的方向。（　　）

149. 钢铁表面氧化皮是金属腐蚀物的媒介体。（　　）

150. 高压静电喷涂都是喷枪释放负高压电。（　　）

五、简 答 题

1. 什么叫油漆？

2. 什么是乳胶？

3. 什么是热塑性树脂？

4. 什么是酚醛树脂？

5. 什么是表面粗糙度？

6. 什么是附着力？

7. 什么是纤维素？

8. 什么是清漆？

9. 什么是防锈颜料？

10. 什么是原色？

11. 什么是溶剂？

12. 什么是催干剂？

13. 什么是主要成膜物？

14. 什么是次要成膜物？

15. 什么是辅助成膜物？

16. 什么是底漆？

17. 什么是面漆？

18. 什么是磁漆？

19. 什么是油性漆？

20. 什么是无溶剂油漆？

21. 什么是粉末涂料？

22. 什么是空气喷涂？

23. 什么是涂装？

24. 什么是自动喷涂？

25. 什么是浸涂？

26. 什么是电泳？

27. 什么是施工粘度？

28. 什么是氧化聚合干燥？

29. 什么是三废?

30. 什么是明火?

31. 什么是醇酸树脂?

32. 什么是环氧脂?

33. 什么是聚乙稀醇树脂?

34. 什么是石油沥青?

35. 什么是硝基纤维素?

36. 什么是石油溶剂?

37. 什么是酯类?

38. 什么是醇类?

39. 什么是复色?

40. 什么是消光剂?

41. 什么是无苯溶剂(稀释剂)?

42. 什么是脱漆剂?

43. 什么是烤漆?

44. 什么是光固化油漆?

45. 什么是高固体分?

46. 什么是稀释比?

47. 什么是热喷涂?

48. 什么是高压无气喷涂?

49. 什么是酸洗?

50. 什么是磷化?

51. 什么是碘值?

52. 什么是 pH 值?

53. 什么是遮盖力?

54. 什么是附着力?

55. 什么是耐蚀性?

56. 什么是相对湿度?

57. 什么是客车基本标志?

58. 什么是消色?

59. 什么是三防性?

60. 什么是表干?

61. 什么是流平剂?

62. 什么是带锈底漆?

63. 什么是化学腐蚀?

64. 什么是凝聚?

65. 什么是固化剂?

66. 什么是钝化?

67. 什么是喷射处理?

68. 什么是氯化橡胶？
69. 什么是聚酯树脂？
70. 什么是聚氨酯树脂？

六、综 合 题

1. 涂装生产中为何产生废水？请举例说明。
2. 涂装前表面预处理的酸洗废水有什么危害？
3. 简述手工空气喷涂的危害。
4. 简述天然大漆的成分与性能。
5. 简述聚氨酯油漆的组成与分类。
6. 油漆组成中颜料起哪些作用？
7. 油漆辅助材料的型号分几部分？
8. 选择油漆时为什么要考虑配套性？
9. 简述油漆生产的一般程序。
10. 什么是油漆涂膜的混合干燥？
11. 油漆的干燥应遵守哪些原则？
12. 选择油漆时考虑哪些因素？
13. 醇酸树脂类油漆为什么说是合成树脂漆类中唯一用量最大的油漆？
14. 常用醇酸树脂磁漆的溶剂由哪些材料配制？
15. 油漆辅助材料主要包括哪些材料？
16. 丙烯酸树脂油漆有较好的装饰性，其优越性在哪几方面？
17. 机车、车辆工业使用油漆有哪些要求？
18. 机车、车辆工厂常用腻子有哪几种？
19. 简述防锈漆的作用。
20. 涂刷法有哪些优缺点？
21. 机车、车辆工厂常用涂装法有哪几种？
22. 漆膜为什么会失光？如何处理？
23. 简述氨基烘漆施工工艺过程。
24. 简述漆刷种类与规格。
25. 压缩空气喷枪喷咀位置不同，有几种射流形态？
26. 金属表面除锈有哪几种？
27. 简述货车在厂、段修车体及车底的除漆工艺。
28. 油漆施工中常见的病态有哪几种？
29. 清漆储存中产生浑浊的原因是什么？怎样处理？
30. 什么是闪点？
31. 什么是水溶性树脂？
32. 挥发性油漆成膜特点是什么？
33. 腻子有哪些基本性能？
34. 为什么说涂装车间属于一级防火单位？
35. 简述磁化铁环氧酯防锈底漆的性能。

涂装工(初级工)答案

一、填空题

1. 涂装工艺
2. 机械处理法
3. 擦洗
4. 浸渍法
5. 浸渍法
6. 碱性清洗剂
7. 有机溶剂
8. 碱液的浓度
9. 中性清洗剂
10. 金属
11. 低碳醇
12. 金属氧化物
13. 化学法
14. 喷砂
15. 酸洗
16. 阳极
17. 无机
18. 酸加入水中
19. 热水冲洗
20. 防腐性能
21. 基体金属
22. 氧化剂
23. 促进剂
24. 干燥
25. 同时
26. 涂层
27. 硫酸铜点滴
28. 有色金属
29. 表面性能
30. 化学氧化
31. 酸洗
32. 阳极氧化膜
33. 光化处理
34. 机械抛光
35. 碱性溶液
36. 铬酸
37. 封闭或填充
38. 工序
39. 铬酸
40. 易燃
41. 粉末喷涂
42. 底层
43. 结合力
44. 自然
45. 涂层
46. 缺陷
47. 25 mm
48. 低沸点
49. 吸上式
50. 粗糙度
51. 阴极电泳
52. 刷涂
53. 油水分离器
54. 手工
55. 热塑性
56. 装饰
57. 排污
58. 槽子
59. 浸漆槽
60. 不规则
61. 机械辊涂机
62. 漆刷
63. 硬
64. 颜色
65. 缺陷
66. 满刮
67. 干
68. 酸洗
69. 底漆
70. 防锈
71. 面漆
72. 干燥
73. 粉末
74. 比例
75. 配料
76. 失光
77. 5℃～35℃
78. 先进先出
79. 质量
80. 透明
81. 针孔
82. 起泡
83. 拉丝
84. 阴阳面
85. 不盖底
86. 返铜光
87. 横放
88. 下沉
89. 粗化
90. 回粘
91. 呼吸
92. 物理性
93. 霜露
94. 表面预处理
95. 底漆
96. 底层和面层
97. 配套使用
98. 调配
99. 底层涂料
100. 电磁波
101. 视觉感
102. 明度
103. 反射率
104. 立体坐标
105. 红
106. 三原色
107. 细微粉末
108. 天然颜料
109. 色层
110. 加色法
111. 先主后次
112. 性能
113. 钛白
114. 浅黄
115. 钢灰
116. 中黄
117. 涂装程序
118. 皱纹
119. 质量指标
120. GB
121. 0.2～0.3
122. 表面预处理
123. 涂-4
124. 光泽

125. 厚度	126. 附着力	127. 人工加速	128. 颜料
129. 天然树脂	130. 半干性油	131. 无机颜料	132. 着色颜料
133. 颜色	134. 溶解	135. 醇	136. 成膜物质名称
137. 天然	138. 热塑性	139. 涂装技术	140. 催干剂
141. 脱脂剂	142. 无溶剂	143. 无机	144. 清漆
145. 活泼	146. 废气	147. 有机溶剂	148. 环境保护
149. 手工喷涂	150. 硫酸	151. 中和	152. 90
153. 灭火器	154. 增加	155. 溶解	156. 检验
157. 灰尘	158. 排风道	159. 涂料	160. 体检
161. 电源			

二、单项选择题

1. B	2. C	3. A	4. C	5. C	6. D	7. B	8. C	9. D
10. A	11. B	12. C	13. B	14. D	15. B	16. C	17. B	18. B
19. B	20. C	21. C	22. D	23. A	24. A	25. A	26. D	27. A
28. B	29. C	30. B	31. A	32. B	33. C	34. D	35. C	36. B
37. A	38. B	39. C	40. A	41. B	42. C	43. A	44. A	45. A
46. D	47. B	48. C	49. B	50. C	51. B	52. B	53. B	54. D
55. B	56. B	57. A	58. C	59. A	60. C	61. B	62. B	63. B
64. D	65. C	66. B	67. C	68. B	69. C	70. B	71. D	72. C
73. D	74. C	75. C	76. C	77. C	78. B	79. D	80. B	81. C
82. D	83. A	84. C	85. B	86. C	87. B	88. A	89. B	90. A
91. B	92. A	93. D	94. B	95. A	96. B	97. B	98. A	99. B
100. D	101. B	102. C	103. B	104. B	105. C	106. A	107. D	108. A
109. A	110. A	111. C	112. D	113. B	114. C	115. A	116. C	117. D
118. A	119. A	120. C	121. C	122. A	123. C	124. C	125. C	126. C
127. C	128. D	129. A	130. A	131. A	132. B	133. D	134. C	135. A
136. B	137. A	138. A	139. C	140. C	141. A	142. C	143. C	144. A
145. C	146. B	147. A	148. B	149. C	150. A	151. A	152. C	153. D
154. A	155. A	156. A	157. A	158. B	159. D	160. B	161. B	162. C
163. C	164. B	165. D	166. D	167. C	168. A	169. D	170. B	

三、多项选择题

1. ABC	2. ABCD	3. ABCD	4. AB	5. BCD	6. BD
7. ABCD	8. ABD	9. ABCD	10. ABCD	11. ABCD	12. ABCD
13. ABC	14. AB	15. ABC	16. ABCD	17. ABC	18. ABCD
19. ABCD	20. ABC	21. ABC	22. ABCD	23. ABC	24. ABCD
25. BC	26. ABCD	27. AB	28. ABCD	29. AB	30. AB
31. ABC	32. CD	33. BD	34. ABC	35. ABC	36. ABD

37. ABCD	38. ACD	39. ABCD	40. ABCD	41. AC	42. AB
43. ABD	44. ABCD	45. AD	46. AD	47. ABCD	48. AB
49. BC	50. ABC	51. ABCD	52. AB	53. ABCD	54. ABCD
55. ABCD	56. ABC	57. BD	58. ABC	59. ABCD	60. ABCD
61. ABCD	62. ABCD	63. ABCD	64. ABC	65. ABC	66. ABCD
67. ABC	68. ABCD	69. ABCD	70. ABC	71. ABD	72. ABC
73. ABCD	74. ABCD	75. ABC	76. ABC	77. ABC	78. ABCD
79. AB	80. ACD	81. ABC	82. ABCD	83. AC	84. ABC
85. AD	86. ABCD	87. BCD	88. ACD	89. ABCD	90. ABCD
91. ABCD	92. AD	93. ABC	94. ABC	95. ABCD	96. ABCD
97. ABCD	98. ABD	99. BCD	100. ABD	101. ABC	102. ABCD
103. ABCD					

四、判 断 题

1. ×	2. ×	3. ×	4. √	5. √	6. ×	7. √	8. ×	9. ×
10. ×	11. √	12. ×	13. √	14. √	15. √	16. ×	17. √	18. ×
19. ×	20. ×	21. ×	22. √	23. √	24. ×	25. ×	26. √	27. ×
28. ×	29. ×	30. ×	31. √	32. ×	33. ×	34. ×	35. √	36. ×
37. ×	38. √	39. ×	40. √	41. ×	42. ×	43. ×	44. ×	45. ×
46. ×	47. ×	48. ×	49. √	50. ×	51. √	52. √	53. ×	54. √
55. √	56. √	57. √	58. ×	59. ×	60. √	61. ×	62. √	63. ×
64. √	65. ×	66. √	67. ×	68. √	69. √	70. √	71. ×	72. ×
73. ×	74. ×	75. √	76. √	77. √	78. √	79. √	80. √	81. ×
82. √	83. ×	84. √	85. √	86. √	87. √	88. √	89. √	90. √
91. √	92. ×	93. ×	94. √	95. √	96. √	97. √	98. √	99. √
100. √	101. √	102. √	103. √	104. ×	105. √	106. √	107. √	108. ×
109. √	110. √	111. √	112. √	113. ×	114. ×	115. √	116. √	117. √
118. √	119. √	120. ×	121. √	122. ×	123. √	124. √	125. ×	126. ×
127. ×	128. √	129. √	130. √	131. √	132. √	133. √	134. √	135. ×
136. √	137. ×	138. ×	139. √	140. √	141. √	142. √	143. √	144. √
145. √	146. ×	147. ×	148. √	149. √	150. √			

五、简 答 题

1. 答:油漆现统称为涂料(2.5分),分为有机涂料和无机涂料(2.5分),习惯仍称为油漆。

2. 答:由乳液聚合制得作为油漆基料的主要成分的合成树脂(2.5分),是稳定水的分散体(2.5分)。

3. 答:在特定的温度范围内,能多次(1分)反复加热软化、冷却硬化,而性质无明显变化的一类树脂(4分)。

4. 答:由醛类与苯酚、苯酚的同系物(2分)或由醛类与苯酚的同系物、衍生物(2分)缩聚(1分)制得的树脂。

5. 答:表面粗糙度是指表面微观不平度高度(2.5分)的算术平均值(2.5分)。

6. 答:附着力是指涂膜对地材表面(2分)物理(1分)和化学(1分)的结合力的总和(1分)。

7. 答:纤维素分子的部分羟基(2分)被醇化(2分)制得的一类热塑性高分子化合物(1分)。

8. 答:以干性油(2分)、半干性油或其他混合物经热炼加工(2分)后,加入催干剂(1分)制得的液体。

9. 答:防锈颜料是具有物理性防锈(2.5分)和化学性防锈(2.5分)的材料。

10. 答:原色是任何颜色相混调也调不出的颜色(5分)。

11. 答:具有溶解(2.5分)并能稀释油漆成膜物质的液体(2.5分)。

12. 答:加速油漆干燥的材料(2.5分),大多数来源于金属氧化物(1.5分)及其盐类(1分)。

13. 答:是组成油漆的基础(2.5分),使油漆粘附在物体表面,成为漆膜主要物质(2.5分)。

14. 答:是组成油漆的部分,本身不能构成漆膜(2.5分),但使漆膜性能有所改进,使油漆品种有所增多(2.5分)。

15. 答:是不参加成膜的,只是在油漆变成漆膜时的过程中(2.5分),对漆膜的性能起一些辅助作用(2.5分)。

16. 答:是物面的第一层油漆涂膜(5分)。

17. 答:底漆或中间层表面处理干净后,所涂刷的最后表面油漆(5分)。

18. 答:以树脂(2.5分)作为主要成分(2.5分)的油漆。

19. 答:以油料(2.5分)作为主要成分的油漆(2.5分)。

20. 答:不含(2.5分)有发挥性有机溶剂(2.5分)的油漆。

21. 答:不含有有机溶剂(2.5分)的粉末状涂料(2.5分)。

22. 答:利用压缩空气(2.5分)将油漆雾化,并射向物体表面进行涂装(2.5分)的方法。

23. 答:将油漆(涂料)涂于物体表面,形成有防护(1.5分)、装饰(1.5分)或特殊功能(2分)的过程。

24. 答:自动喷涂是利用电器机械原理(2.5分)(机械手或机械人等)自动控制喷涂的过程(2.5分)。

25. 答:将工件浸入油漆中(2.5分),取出除去过量的油漆(2.5分)的涂装方法。

26. 答:利用外加电场(1分),使悬浮于电泳液中的颜料和树脂等微粒定向迁移(2分),并沉积于电极之一底材表面(2分)进行涂装的方法。

27. 答:适合于某种施工方法的油漆粘度(5分)。

28. 答:湿涂膜与空气中的氧气(2分)发生氧化聚合反应(2分),进行干燥和固化的过程(1分)。

29. 答:油漆施工中的"三废"是废水(2分)、废气(2分)、废渣(1分)。

30. 答:人眼可见的火花(5分)。

31. 答:醇酸树脂是多元醇(1分)、多元酸(1分)和其他单元酸(1分)通过酯化缩合(1分)而成为的长链状树脂(1分)。

32. 答:由环氧脂树脂(1分)的环氧基(1分)及羟基(1分),与脂肪酸(1分)发生酯化反应(1分)制得的树脂。

33. 答:聚醋酸乙烯(1分)和醇(1分)溶液,用碱(1分)解制得的热塑性树脂(2分)。

34. 答:石油蒸馏(2.5分)过程的残余物(2.5分)制得的沥青。

35. 答:由木材、麻类、植物茎和棉花等制成纤维素后(2.5分),经过硝化后制得的物质(2.5分)。

36. 答:是石油分馏后的产物(5分)。

37. 答:由醇类(2.5分)和酸类(2.5分)反应后的产物。

38. 答:物质分子内含有羟基(2.5分)的化合物(2.5分)。

39. 答:两间色与其他色相混调(2.5分)或三层色之间不等混调(2.5分)而成的颜色。

40. 答:加入油漆中,减弱漆膜表面反光能力(2.5分),成为很弱或无光泽的表面的物质(2.5分)。

41. 答:含苯量(2.5分)不超过1%(2.5分)的稀释剂。

42. 答:能使旧漆膜溶胀、溶解(2分)并从底材表面脱除(2分)的液体或膏状物(1分)。

43. 答:在一定的温度、时间内烘烤成膜的油漆(5分)。

44. 答:是用光能引发(5分)而干燥成膜的油漆。

45. 答:油漆中含有固体分(不挥发物)(3分)的重量超过50%(2分)的油漆。

46. 答:油漆原液调配到某一种施工粘度(2.5分),所需要的油漆原液与稀释液的比例(2.5分)。

47. 答:利用加热(3分)使油漆粘度降低(2分),以达到喷涂需要的粘度进行喷涂的方法。

48. 答:利用动力(2.5分)使涂料增压,迅速膨胀而达到雾化和涂装(2.5分)方法。

49. 答:利用酸液(2.5分)洗去基底表面锈蚀物和轧制氧化皮(2.5分)的过程。

50. 答:利用含磷酸或含磷酸盐的溶液(3分)在基底金属表面形成一种不溶性磷酸盐膜(2分)的过程。

51. 答:碘值是在一定标准条件下,被100g油所能吸收碘的克数(5分)。

52. 答:pH值是表示溶液的酸、碱浓度(5分)。

53. 答:单位重量的油漆所遮盖物面的能力(5分)。

54. 答:涂层与基底间联结力的总和(5分)。

55. 答:涂膜抗腐蚀破坏作用的能力(5分)。

56. 答:空气中在一定温度下的潮湿程度(3分),以%来表示(2分)。

57. 答:用汉字拼音(3分)来表示客车名称的种类(2分)。

58. 答:是原色和复色中(1.5分)加一定量白色或黑色(1.5分)可使原色和复色的色相变浅淡或变深,调成多种色相的浅色或深色(1分),这种白色或黑色称为消色(1分)。

59. 答:是油漆膜(0.5分)防湿热(1.5分)、防盐雾(1.5分)、防霉菌(1.5分)称为三防性。

60. 答:油漆涂膜从液态(1分)变化到表面形成薄而软的不粘滞膜(4分)称为表干。

61. 答:流平助剂通过降低涂膜表面张力(1分)改善流动方式获得良好的涂膜外观(2分),部分特殊的助剂同时能提供滑爽、增硬、抗划伤、防粘连的效果(2分)。

62. 答：直接(1分)涂刷(1分)或喷涂(1分)在带有锈的金属表面(2分)的防锈底漆。

63. 答：化学腐蚀是金属(1分)与干燥空气(1分)、二氧化碳(1分)等非电解质(1分)接触而发生的化学反应(1分)产生的腐蚀。

64. 答：使液体(1分)中物质聚集(4分)在一起。

65. 答：利用酸(1分)、胺(1分)、过氧化物(1分)等物质与合成树脂(2分)反应制得。

66. 答：使金属底材表面(1分)产生钝态(4分)的过程。

67. 答：利用高速磨料(1分)的射流冲击作用(1分)，清理(1分)和粗化(1分)底材表面(1分)的过程。

68. 答：由天然橡胶(1分)或合成橡胶(1分)经氯化(2分)作用制得的衍生物(1分)。

69. 答：由多元酸(1分)和多元醇(1分)缩聚(1分)制得的一类合成树脂。按其结构分为饱和(1分)和不饱和(1分)聚酯树脂。

70. 答：聚氨酯树脂是含有异氰酸基(2分)的化合物与含有羟基(2分)等化合物进行反应而生成的聚合物(1分)。

六、综 合 题

1. 答：涂装生产中的废水既有来自水溶性涂装处理中(2分)，也有来自溶剂型涂料施工时排放的清洗水(2分)。例如在电泳涂装时，被涂物需要大量的水冲洗才能除掉附着在其上的沉渣、浮沫和电泳涂料，这些水需要不断地更新(2分)。有机溶剂型涂料在施工过程中，为了减少空气污染，而将废弃的涂料、施工时的漆雾和溶剂雾等夹带到水中成为有机物污染源(4分)。

2. 答：涂装前表面除锈时常用到硫酸、硝酸和盐酸(3分)，以它们为主配制成酸溶液(1分)，再加入缓蚀剂或乳化剂等。在除锈或脱脂时(1分)，还会产生大量的冲洗水也含有有毒物质(1分)，pH 值呈强酸性(2分)，这些废水都将对水质和生物有极大危害(2分)。

3. 答：在手工空气喷涂时，将有大量的过喷漆雾和大量的有机溶剂(2分)，这些有机物中含有甲苯、二甲苯、酯、酮、醇类等混合溶剂及涂料颗粒，毒性很大，当这些物质吸入人体内，将危害人的呼吸器官、神经系统和造血系统(2分)；涂料中的金属干料、树脂、无机颜料等对人体也有严重的危害(2分)。此外，它们对大气、生物和环境也将带来严重的危害(2分)。

4. 答：天然大漆俗称国漆、大漆，是我国特产之一。从漆树采割下来的大漆为乳白色胶状液体(1分)，接触空气后发生氧化作用白色逐渐转变为褐色、紫红色至深褐色。大漆主要化学成分是漆酚、漆酶、树胶质、油和水等(3分)。大漆能溶解于酒精、石油醚、三氯甲烷、甲醇、丙酮、四氯化碳、二甲苯、汽油等多种有机溶剂中(2分)，但不溶于水(1分)。大漆中含有漆酚量为30%～70%，其含量越高漆质越好。大漆具有独特的优点，其耐水、耐酸、耐溶剂、耐油、光泽都优于其他漆种(1分)。缺点是不耐碱及强氧化剂，漆膜干燥条件苛刻、时间长、毒性大、施工易引起部分人员的皮肤过敏性皮炎、奇痒，严重者发生红疹、红块、溃烂等皮肤病(1分)。大漆干燥使用温度为150℃左右，稀释剂有汽油、松节油、二甲苯、苯等，其中汽油最为常用，用量一般为大漆量的30%左右(1分)。

5. 答：聚氨酯油漆基本成分为异氰酸酯(1分)。异氰酸酯常分为两类：(1)芳香族异氰酸酯(1分)，如甲苯二异氰酸酯(简称 TDI)、二苯基甲烷二异氰酸酯(MDI)、多苯基甲烷多异氰酸酯(PAPI)等。(2)脂肪酸族异氰酸酯(1分)，如六亚甲基二异氰酸酯(HDI)、二聚酸二异氰酸酯(DDI)、环己烷二异氰酸酯等。

6. 答:加入颜料使油漆具有一定颜色,并起到增加涂层厚度及遮盖力、表面装饰、特殊标志等(5分)。颜料还能起到涂层的防锈、防腐、耐磨、热耐、耐冲击、耐各种化学药品的浸蚀等作用(5分)。

7. 答:油漆辅助材料的型号分为两个部分(2分):第一部分是辅助材料的种类(2分),用汉语拼音字母表示(2分);第二部分是序号(2分),用阿拉伯数字表示(2分)。

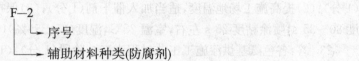

8. 答:因为现在绝大多数的油漆都是化学物质组成(2分),其组成部分都具有一系列的化学性质(2分)。如果性能不同的油漆混合在一起,就会发生一系列的化学反应(4分),产生各种弊病(2分)。因此,在选择油漆时一定要考虑它的配套性。

9. 答:油漆生产一般程序:配方设计(4分)→配方流程工艺(4分)→按投料工艺流程进行生产(2分)。

10. 答:混合干燥是利用热辐射(4分)等组合作用干燥(3分)和固化湿涂膜(3分)的方法。

11. 答:应严格遵守油漆本身规定(2分)的干燥温度(4分)和干燥时间(4分)进行干燥。

12. 答:选择油漆时,应考虑被涂物面的使用环境条件(1.5分)、各被涂物的材质(1.5分)、涂料涂装特点(1.5分)、涂装前的表面处理方法(1.5分)、油漆干燥方法(1.5分)、油漆配套性(1.5分)、经济效果(1分)等有关因素。

13. 答:醇酸树脂类油漆原材料来源广泛(1分)、价格低(1分)、品种种类多(1分)、性能多种多样(1分)、可供给选择使用的范围大(1分)、与其他类油漆配套性好(1分),是合成树脂油漆中重要类型(1分),施工简便(1分),适合大、中、小工件设备(2分),所以,用量大范围广。

14. 答:常用醇酸树脂磁漆溶剂是由下列材料配制:200号溶剂汽油(2.5分),50%(2.5分);二甲苯(2.5分),50%(2.5分)。

15. 答:有催干剂(2分)、固化剂(2分)、抗结皮剂(2分)、防霉剂(2分)、消光剂(1分)、紫外线吸收剂(1分)等。

16. 答:丙烯酸树脂油漆有自干性(2分)和烘干性(2分)两种。漆膜干燥后,涂膜色彩鲜艳、光泽饱满、保光性强,并且耐久、抗紫外线的照射(3分),尤其具有耐油、耐水、耐化学药品性、硬度高、机械性能好的优点(3分)。

17. 答:(1)要有良好的防腐性能(2.5分);(2)良好的耐候性能(1.5分);(3)耐冲击、耐磨性好(2.5分);(4)耐洗涤性好(1.5分);(5)耐化学药品性及耐油性好(1.5分);(6)装饰性能强(1.5分)。

18. 答:有酯胶腻子(2.5分)、酚醛腻子(2.5分)、醇酸腻子和环氧酯腻子(2.5分)、不饱和聚酯腻子等(2.5分)。

19. 答:防锈漆的主要作用是防止金属表面生锈(2.5分),特别是钢铁表面,涂刷防锈漆后使金属表面与大气隔绝(2.5分),另外在防锈漆内,有防锈剂、缓蚀剂等,使金属产生钝化(2.5分),阻止外来有害介质与金属发生化学或电化学作用(2.5分)。

20. 答:刷涂法是我国传统方法。主要优点是适用范围广泛(1分)、无需任何专业设备

(1分)、操作简便(1分)、节约用料(1分)。缺点:劳动强度大(1分)、生产力低(1分)、漆膜表面刷纹较多(2分)、厚薄不均匀(2分)。

21. 答:目前常用的涂装方法有:刷涂(1.5分)、喷涂(1.5分)、浸涂(1.5分)、淋涂(1.5分)、高压无气喷涂(2分)、静电喷涂(2分)等数种。

22. 答:失光原因:(1)工作物表面粗糙或表面处理不干净(2分);(2)天气冷、气温低、干燥慢(2分);(3)稀释剂加入过多,冲淡光泽度(2分)。处理办法:(1)加强工作物表面处理(1分);(2)提高施工场地温度,适当加入催干剂(1分);(3)保持油漆粘度(涂-4粘度杯涂刷粘度30～35 s,喷涂粘度25 s左右,室温25℃,湿度(65±5)%)(2分)。

23. 答:各色氨基烘漆施工工艺过程为三个阶段(1分):(1)底面处理:除锈呈银白色金属表面,涂刮腻子使表面平整光洁,放至100℃～120℃烤箱内烘烤1 h后,打磨修补(3分);(2)施工准备:测定油漆粘度,喷枪装置与试喷(一般粘度为涂-4杯30～40 s,室温25℃左右)(3分);(3)烘烤施工:喷涂油漆后,正常温度下静置15 min,放入60℃烘箱内30 min,升温到100℃～120℃,保持1～1.5 h,取出自干10～20 min检查质量(3分)。

24. 答:漆刷有圆形(1分)、扁形(1分)、歪脖子形(1分)等三种;规格有20 mm、25 mm、40 mm、45 mm、65 mm、70 mm、100 mm等数种(7分)。

25. 答:压缩空气喷枪空气喷咀位置不同有三种射流形状:垂直的扁形射流(3分)、圆形射流(3分)、水平的扁形射流(4分)。

26. 答:有手工除锈法(3分)、机械除锈法(3分)和化学除锈法(4分)三种。

27. 答:货车在厂、段修时,车体及车底架上的旧油漆膜有剥离或腐蚀的地方,应首先清除锈垢、旧漆膜及油污烟尘等污物(2分),然后用钢丝刷对原锈层除锈(2分),处理表面干净后,进行涂刷一道磁化铁防锈底漆(2分),干后再喷黑色酚醛或醇酸调合漆一道(2分),干燥后涂打车辆标志(2分)。

28. 答:油漆在施工中常见的病态有漆膜发白(泛白)(0.5分)、浮色(0.5分)、发酵(0.5分)、渗色(0.5分)、慢干(0.5分)、回粘(0.5分)、结皮(0.5分)、咬底(0.5分)、表面粗糙(2分)、起皱(0.5分)、流挂(1分)、针孔(1分)、发汗(0.5分)、倒光(0.5分)、露底(1分)等不良病态。

29. 答:原因有下列三点(5分):(1)温度太低,水分过多;(2)溶剂选择不当,稀释剂过多;(3)漆质不良,性质不稳定。处理方法有下列三点(5分):(1)保持漆库的温度在18℃～25℃之间;(2)不得加入强溶剂;(3)加强油漆的配套性,禁止使用不同性质的油漆。

30. 答:闪点也叫闪光点或燃点,燃烧物刚刚燃起一刹那的闪光称为闪点(10分)。

31. 答:能够溶解于水(5分)的一类树脂(5分)。

32. 答:挥发性油漆成膜主要是由于油漆中的溶剂受热挥发,使漆膜的粘度逐渐增加,由流动变成不流动,而固化成膜(5分)。特点是漆中主要成膜物不起化学变化,其干燥速度取决于溶剂挥发的快慢(5分)。

33. 答:基本性能有以下五点:(1)可用配套溶剂调整粘度(2分);(2)涂刮性好,易打磨(2分);(3)干燥快和封闭性能强(2分);(4)与底漆有良好的附着力,并能与上层漆面牢固结合(2分);(5)吸油量小,能与油漆的色泽相近似或相一致(2分)。

34. 答:涂装过程挥发大量的溶剂,遇明火容易爆炸和燃烧(2分),易燃溶剂危险性通常分为两级,一级:闪点小于28℃,高度挥发性和燃烧性(2分),如溶剂中的丙酮、二甲苯均属此类

(2分);二级:闪点28℃～45℃,煤油、松节油等,易燃性低于一级(2分)。因此涂装车间应做一级防火,电器设备全部采用防爆型并配套足够的消防装置。建筑物应有防火结构,并至少有两处以上的出口(2分)。

35. 答:磁化铁环氧酯防锈漆抗水性好、附着力强、遮盖力好、防锈性能强、漆膜硬,并且有良好的配套性(5分),另外,施工方便、能适应喷涂刷涂、基本无毒等优点(5分)。

涂装工(中级工)习题

一、填 空 题

1. 我国涂料型号由三部分组成,第一部分是成膜物质,用一个(　　)字母表示。

2. 涂料型号的第二部分是涂料的基本名称,用(　　)表示。

3. 国产涂料分类中有一类严格说来并非涂料,而是涂料组成中的(　　)成膜物质,称为辅助材料类。

4. 我国规定涂料分类是以涂料基料中主要成膜物质为基础,若成膜物质为混合物质,则按在涂层中起(　　)作用的一种树脂为基础。

5. 金属腐蚀的种类很多,根据腐蚀过程中的特点,可分为化学腐蚀和(　　)两大类。

6. 涂料是指涂覆于物体表面,经过物理变化或(　　)反应,形成坚韧而有弹性的保护膜的物料的总称。

7. 根据原料的来源,树脂可分为天然树脂和(　　)树脂两大类。

8. 根据受热后的变化情况,树脂可以分为热塑性树脂和(　　)树脂两大类。

9. 油脂类涂料是以植物油为主要成膜物质,加入催干剂和其他(　　)混合而成的一类涂料。

10. 在涂料的组成中,没有挥发性稀释剂的称为无溶剂漆,呈粉末状的称为(　　)。

11. 油漆干燥过程分为(　　)、实际干燥、安全干燥三个阶段。

12. 在涂料的组成中,没有颜料的透明体称为清漆,加入大量(　　)的稠厚浆体称为腻子。

13. 只要了解金属在电解液中的电极电位,即可知道该金属是活泼金属还是(　　)金属,就可进一步了解它是否易遭受腐蚀。

14. 涂装预处理是涂料施工过程中重要的一道工序,关系到(　　)的附着力、装饰性和使用寿命。

15. 表面处理有机械处理法和(　　)两大类。

16. 用不燃性有机溶剂脱脂的方法有擦洗、浸洗、(　　)和喷洗等几种。

17. 采用化学脱脂的有浸渍法、(　　)和滚筒法等多种。

18. 油漆型号是以一个(　　)字母和几个阿拉伯数字组成。

19. 油漆基本名称编号:(　　)号是木器漆,52号是防腐漆。

20. 油漆基本名称编号是20～29号代表(　　)漆;油漆代号"C"代表醇酸漆类油漆。

21. 油基类油漆中树脂与油料比例为(　　)以下为短油度,硝基类油漆代号是X,辅助材料中的防潮剂的类别代号为F,辅助材料型号为T-2是脱漆剂。

22. 油漆主要作用是(　　)、装饰、标记和伪装。

23. 涂刷调合漆在室温25℃,使用涂-4粘度杯,应选用(　　)～35 s。

24. 涂刷法工艺操作是（　　）、均油和顺油三道工序。

25. 空气喷涂法最适宜用（　　）度的油漆;传统的涂装方法是涂刷法。

26. 常用打磨砂纸有木砂纸、（　　）和布砂纸等三种。

27. 常用的漆刷是由（　　）、框子、鬃毛等制成。

28. 常用的 PQ-1 型喷枪由（　　）、活门、机体、和油壶等机构组成。

29. 油漆的漆膜性能检测项目是（　　）、打磨性、冲击强度、附着力等四种。

30. 涂装前处理是（　　）、酸洗及磷化处理方法。

31. 我国生产的传统手工空气喷枪是（　　）和 PQ-2 型两大类。

32. 铁路客车、货车一般涂刷防锈漆是含（　　）防锈颜料。颜料是组成油漆中的次要成膜物。

33. 油漆颜色的配色方法有（　　）和减色法两种。

34. 表示油漆干燥程度有（　　）和实干两种。

35. 油漆涂装过程的"三废"是（　　）、废气、废渣。

36. 常用喷(抛)丸磨料的材质是（　　）、钢丸。

37. 油漆的（　　）、品种不同,则各自性能不同。

38. 丙烯酸树脂磁漆类别代号是（　　）,环氧树脂属于合成树脂,油性油漆应包括油脂类、天然树脂类、沥青类和酚醛类。

39. CO4-2 各色醇酸树脂磁漆是（　　）醇酸磁漆;松节油、松油等属于萜烯类溶剂。

40. 溶剂的沸点（　　）以下为低沸点,100℃～145℃为中沸点,145℃以上为高沸点。

41. 颜料的种类很多,按化学成分可分为（　　）和有机颜料两大类。

42. 红、黄、蓝是基本色,用（　　）也不能调配出来,所以称为三原色。

43. 按着色颜料品种分类,（　　）、铜粉属于金属颜料。

44. 配墨绿色油漆需要（　　）和黑色油漆调制而成。

45. 体质颜料按性质、化学组成分为（　　）、硅酸盐类和镁、铝轻金属化合物。

46. 手工除锈后的清洁度划分为（　　）、S-2 级、S-3 级三个等级。

47. 金属磷化处理方法一般有（　　）、热磷化和喷涂磷化。

48. 虫胶(漆片)的品种有（　　）、片胶和漂白胶等三种。

49. 清漆的外观质量应当是（　　）、颜色透清纯正,不应有混浊现象。

50. 为防止火灾和爆炸,涂装作业场所（　　）烟火。

51. 油漆涂层能有效的（　　）并减缓金属的腐蚀破坏,从而延长金属及产品的寿命。

52. 漆膜的实际干燥过程都要一定的（　　）和干燥时间。

53. 聚氨酯油漆形成的漆膜表面（　　）、美观。

54. 磷化膜厚度与磷化液的（　　）和工艺要求有很大的关系。

55. 油漆涂装车间的所有（　　）设备均应可靠接地。

56. 空气喷涂法喷涂面漆,一般（　　）距离物面以 200～300 mm 为宜。

57. 高压无气喷涂设备按压力分有超高压、（　　）和中压等三种。

58. 高压无气喷涂机,以单位时间内喷涂的漆量而分为大型（　　）L/min、中型 2～7 L/min、小型 1～2 L/min。

59. 氨基烘漆施工过程分为（　　）、施工、烘烤操作三个阶段。

60. 电泳涂装的化学过程包括(　　)、电沉积、电渗和电解四个反应过程。

61. 影响静电喷涂的质量因素有(　　)、静电场力、输漆量和负极屏。

62. 电泳涂装过程中有电压、(　　)、湿度、pH 值和电泳时间等五个方面的影响。

63. 碘值是在(　　)克油中,所能吸收多少克碘的数值。

64. 三原色红、黄、蓝能调出橙、(　　)、绿三种基本复色。

65. 静电粉末喷涂的主要优点是(　　)、高质量、低消耗、节约能源、减少或消除环境污染和改善劳动条件。

66. 腻子的涂装方法主要是(　　)。

67. 酸洗磷化液由(　　)、磷化液、缓蚀剂和表面活性剂、氧化剂等组成。

68. 铁路常用敞车和棚车的基本记号是(　　)和 P。

69. 铁道车辆上有一条红横线是表示(　　)车辆;铁道机车一般喷涂阻尼浆厚度是 3～5 mm。

70. 铁道机车、车辆的金属配件长期处于空气中,被空气的(　　)、二氧化硫、硫化氢等酸性化合物所腐蚀损坏。

71. 常见的红颜色和绿颜色的波长分别是红色波长(　　)nm、绿色波长 492～577 nm。

72. 油漆储存不当造成结皮原因是(　　)、催干剂加入过多、储存时间过长。

73. 油漆膜表面产生起泡因素有(　　)、木材表面水分过大、底漆与腻子不干阳光下暴晒。

74. 酸洗液的废酸排放对(　　)、生物危害最大。

75. 磷化处理液的废液中最有害物质是(　　)、重金属盐类。

76. 油漆涂装过程中,操作者出现(　　)、头昏、昏迷、疲劳等症状反应就是中毒症状。

77. 粉末涂料可分为(　　)和热塑型两种。

78. 涂料命名原则中规定,涂料的(　　)仍采用我国已有的习惯说法,如清漆、磁漆和罐头漆等。

79. 水性涂料是以水作分散介质的一种涂料,包括(　　)型和水乳胶型两大类。

80. 环氧树脂类涂料最突出的性能特点是具有极强的(　　)。

81. 用于涂料的油料,根据其干燥性质特点可分为(　　)油、半干性油及不干性油三类。

82. 与油脂类涂料相比,天然树脂类涂料(　　)性好,装饰与保护性也有很大提高,但耐久性差。

83. 硝基类涂料的突出特点是(　　),它是自干型树脂涂料的一种优良类型。

84. 磷化底漆的主要成膜物质是聚乙烯缩丁醛树脂,对金属表面有一定的磷化作用,是极佳的防(　　)涂料之一。

85. 绝缘漆可分为漆包线漆、(　　)漆、覆盖漆和胶粘漆。

86. 机电产品的三防性能是指防(　　)、防烟雾和防霉菌。

87. 电化学腐蚀是指金属和周围的(　　)溶液相接触时由于电流作用所产生的腐蚀现象。

88. 当空气气温降到(　　)以下时,水蒸气在金属表面凝结成露,引起对金属的腐蚀,称为露点腐蚀,它比水蒸气的腐蚀要强得多。

89. 丙烯酸类涂料具有优良的(　　)性和保护性,是一类有发展前途的新型涂料。

90. 聚氨酯涂料具有优良的（　　　）、耐磨性，以及耐腐蚀与耐油性。

91. 能与碱起皂化作用生成（　　　）的油类叫作皂化油。

92. 不能与碱起皂化作用的油类叫作（　　　）。

93. （　　　）均属于皂化油，而矿物油和石蜡、凡士林属于非皂化油。

94. 化学脱脂又称为（　　　）或碱液脱脂。

95. 能够显著地降低物质的表面张力的物质叫作（　　　）。

96. 能使两种互不相溶的物质形成乳化体系的物质叫作（　　　）。

97. 常用的碱性乳化剂有（　　　）和表面活性物质两类。

98. 乳化液可分为（　　　）和油包水型两种。

99. 将工件浸入各种酸的溶液中，借助于酸的作用，使工件表面的（　　　）除掉的过程叫作化学除锈。

100. 氧化铁是一种（　　　），是由 FeO、Fe_2O_3 和 Fe_3O_4 等组成的。

101. 采用化学除锈时，槽液具有（　　　），操作时一定要按安全操作规程进行。

102. 化学除锈时，要严格控制槽液的（　　　），并定期对槽液的浓度进行分析和调整。

103. 在酸洗过程中，为了减慢对工件的腐蚀及产生（　　　）现象，应加入少量的缓蚀剂。

104. 酸洗缓蚀剂是含有 N、（　　　）、S 的无机或有机化合物。

105. 乌洛托品是盐酸洗液中的（　　　）剂。

106. 在酸洗过程中，铁的（　　　）与氢的析出对金属工件的影响既有利又有弊。

107. 用（　　　）方法，使钢铁表面生成一种不溶性磷酸盐保护膜的过程，叫作金属的磷化处理。

108. 磷化膜是由（　　　）、锌、锰盐所组成的，呈灰色和暗灰色的结晶状态。

109. 磷化膜有较高的（　　　）性质和一定的润滑性能。

110. 影响磷化膜质量最重要的工艺参数是（　　　）和总酸度。

111. 磷化液中的游离酸度表示溶液中（　　　）的磷酸含量。

112. 磷化液中的总酸度表示游离酸、（　　　）和硝酸盐的总含量。

113. 磷化液中游离酸度与（　　　）之比叫作酸比。

114. 在磷化液中，常加入（　　　）和离子化倾向低的金属盐类作为促进剂。

115. 综合处理液主要由（　　　）、除锈剂、磷化剂及络合剂、资合剂、促进剂等助剂组成。

116. 检测（　　　）的游离酸度，应用溴酚蓝作为指示剂。

117. 检测磷化液的总酸度和游离酸度，应用 0.1 mol/L 的（　　　）作标准溶液进行滴定。

118. 采用点滴法与盐水浸渍法检验磷化膜质量，其检测结果同（　　　）及盐雾试验法一致。

119. 膜重是指磷化膜单位面积的（　　　）重量，通常用 g/m^2 表示。

120. 钢铁的氧化处理又称发蓝，能使工件表面生成具有一定耐蚀能力的（　　　）薄膜。

121. 为使有色金属的制件表面得到紧固的氧化膜，可在相应的（　　　）中借助金属的阳极氧化来实现。

122. 阳极氧化时，氧化膜的成长过程取决于膜的（　　　）和生长速度的比率。

123. 铝是一种银白色、质地柔软的（　　　），它在自然环境中生成的氧化膜，对铝的表面有一定的保护作用。

124. 镁在（　　　）中易氧化发暗,在干燥空气中比较稳定。

125. 油漆附着力测定方法有（　　　）、划圈法、拉拔、划 X 等。

126. 锡及铝合金工件化学抛光溶液的主要成分是（　　　）和硝酸。

127. 硫酸电解液的（　　　）对氧化膜质量有一定影响,生产中应用最多的是含 18%～20% 浓度的硫酸电解液。

128. 电化学氧化适用于任何一种（　　　）,而且溶液稳定,质量好。

129. 测定氧化膜厚度的方法有（　　　）、金相试片观察法和重量法多种。

130. 离子轰击法又称（　　　）处理,广泛应用于汽车塑料件的表面预处理。

131. 油脂是一种复杂的（　　　）混合体,其主要成分是脂肪。

132. 有机溶剂脱脂是利用有机溶剂能（　　　）油脂的特点,将工件表面的油污除掉。

133. 化学脱脂是利用碱液对油污的（　　　）作用,使其生成可溶性物质而溶解于溶液中。

134. 高压无气喷涂的主要设备是（　　　）,按其动力源分类,可分为气动式和电动式两种。

135. 油性清漆出现浑浊缺陷,可通过提高油漆（　　　）的方法消除。

136. 火焰处理是利用火焰的（　　　）来清除旧漆的。

137. 腻子刀使用后应擦净刀面,若长时间不用时,刀面上应涂上（　　　）,腻子刀刃口不可磨得过于锋利,但也不能太钝。

138. 喷涂腻子的设备包括（　　　）、油水分离器、大口径喷枪、风带、腻子容器等。

139. 流水作业空气喷涂配套设备包括喷涂室、通风装置、空气压缩机、（　　　）、喷枪、悬挂输送链及传送机构、输送带的传动机构、传送小车、挂架、挂具等。

140. 目前,国内外粉末涂装的最主要方法是（　　　）涂装法,其次还有粉末流化床涂装法、粉末静电流化床涂装法和粉末静电振荡涂装法。

141. 涂装四要素是指产品涂装前的（　　　）、正确选用涂料、涂装方法和涂料的干燥。

142. 双口喷枪喷涂法是专供（　　　）涂料施工配套而设计的。

143. 静电喷涂应选用易于（　　　）的涂料。

144. 腻子是一种体质颜料含量较高、呈（　　　）状的涂料品种。

145. 红外线干燥设备加热属于（　　　）式。

146. 静电喷涂法可分为（　　　）静电喷涂法、手提式静电喷涂法和圆盘式静电喷涂法。

147. 每次喷刷涂料后,如发现涂膜发白、失光,可在涂料中加入适量的配套用的（　　　）。

148. 浮石打磨工具和砂纸打磨工具适用于（　　　）法打磨腻子。

149. 对于木材表面,最后一次刷涂应顺着木材的（　　　）进行。

150. 浸涂操作时,应主要控制漆液的（　　　）以及保持零件均匀的升降速度。

151. 喷涂过氯乙烯漆的施工环境温度不得超过（　　　）℃,相对湿度不得大于 70%,否则涂膜会出现发白、针孔现象。

152. 根据烘干时涂漆表面上的热作用方式,干燥设备可以分为（　　　）干燥设备、红外线干燥设备和感应式干燥设备。

153. 间歇式烘干室所采用的热源以（　　　）和电能较为普遍。

154. 涂膜粉化脱落的原因是,涂装前（　　　）不干净和干燥时间过长等。

155. 喷涂时涂膜产生桔皮的原因是,喷涂过（　　　）和枪嘴口径过大,空气压力大小不适宜等。

156. 电泳涂膜出现桔皮的原因是,泳涂工作电压过(　　)、槽液固体分离、泳涂时间过长以及槽液温度过高。

157. 电泳槽内的极间距应根据(　　)面积与阴极或阳极的面积之比妥善布置。

158. 泳涂件在泳涂断电后应及时(　　),并即刻用水冲洗,然后进行干燥。

159. 磷化处理的目的是提高工件的防腐性能和增强涂料的(　　)。

160. 喷漆环境对涂层质量有很大的影响。理想的喷漆环境应满足采光和照明、温度、湿度、空气清洁度、(　　)以及防火防爆等要求。

161. 涂层在烘干室内的整个固化过程中,工件涂层的温度随着时间变化,通常分为升温、保温和(　　)三个阶段。

162. 评估油漆外观性能的指标有(　　)、DOI、色差、桔皮等。

163. 根据被涂物的极性和电泳涂料的种类,电泳涂装的方法可以分为阳极电泳和(　　)两种。

164. 电泳涂漆的过程有(　　)、电泳、电沉积、电渗。

165. 密封胶的主要功能是密封车身,防止漏雨,减缓焊缝(　　)。

166. 打磨的正确方法是(　　)的方式,不能往复用力打磨局部小面积,否则会产生凹凸不平的磨痕。

167. 使用含不干树脂的黏性抹布擦净,要(　　),不能过于用力擦拭车身上的浮尘。

二、单项选择题

1. 底漆涂层质量高的是(　　)所形成的涂膜。
(A)溶剂油漆　　　　　　　　　　(B)阴极电泳涂料
(C)高固体分油漆　　　　　　　　(D)铁红醇酸底漆

2. 聚氨酯漆类形成的是(　　)涂层。
(A)一般性装饰　　(B)耐高温性　　(C)无装饰性　　　　(D)高装饰性

3. X-6型号溶剂是稀释(　　)。
(A)硝基漆　　　　(B)过氯乙烯漆类　　(C)醇酸漆类　　(D)沥青类

4. 波长在(　　)nm区域内的光波呈现蓝色。
(A)450~492　　　(B)492~577　　　(C)577~597　　　(D)710~910

5. 两间色与其他色相混调,或三原色之间不等量的相混调而成的颜色是(　　)。
(A)补色　　　　　(B)复色　　　　　(C)接近色　　　　(D)杂色

6. 油漆配色,选择使用的油漆必须是(　　)之间相调才能准确。
(A)复色油漆　　　(B)原色油漆　　　(C)颜料色浆　　　(D)间色油漆

7. 配色过程中,对比配出的颜色是否准确,应当是用(　　)进行对比。
(A)不经干燥的颜色　　　　　　　　(B)干燥后的颜色
(C)表干后的颜色　　　　　　　　　(D)日晒后的颜色

8. 适宜大平面涂刮腻子的刮刀是(　　)。
(A)牛角刮刀　　　(B)橡皮刮刀　　　(C)钢板刮刀　　　(D)木板刮刀

9. 粉末涂装设备中,对涂装利用率关系最大的设备是(　　)。
(A)回收装置　　　(B)供粉筒　　　　(C)筛粉机　　　　(D)静电喷枪

10. 电泳涂装方法中,涂装质量最好的方法是( )。

(A)自泳涂装法　　　(B)阳极电泳法　　　(C)阴极电泳法　　　(D)强制电泳

11. 油漆产生结块的主要原因是( )。

(A)生产配料不对　　(B)搅拌时间不够　　(C)桶盖不密封　　　(D)储存保管不当

12. 打磨腻子层取得较高质量的方法是( )。

(A)干法打磨　　　　(B)湿法打磨　　　　(C)风动机械打磨　　(D)石头打磨

13. 空气喷涂法最不适宜的是( )的油漆。

(A)粘度小　　　　　(B)粘度高　　　　　(C)双组分　　　　　(D)粘度中等

14. 油漆施工中喷涂最普遍采用的方法是( )。

(A)静电喷涂法　　　(B)流化床法　　　　(C)空气喷涂法　　　(D)混气喷涂法

15. 铁路修理25型客车外墙板,经喷丸后墙板涂装的防锈底漆是( )。

(A)铁红醇酸防锈漆　　　　　　　　　　(B)磁化铁环氧防锈漆

(C)红丹醇酸防锈漆　　　　　　　　　　(D)硅酸锌防锈漆

16. 铁路货车外墙板喷涂的表面漆是( )。

(A)原浆型沥青漆　　　　　　　　　　　(B)厚浆型醇酸漆

(C)厚浆型阻尼漆　　　　　　　　　　　(D)酚醛漆

17. 铁路25型客车钢结构内部喷涂重防腐漆类是( )。

(A)环氧树脂类　　　　　　　　　　　　(B)醇酸漆类

(C)氯磺化聚乙烯类　　　　　　　　　　(D)沥青类

18. 软座车的标志是( )。

(A)YZW　　　　　　(B)YZ　　　　　　　(C)RZ　　　　　　　(D)CA

19. 硬卧车的标志是( )。

(A)RZ　　　　　　　(B)YZ　　　　　　　(C)YZLX　　　　　　(D)YW

20. 保温车的标志是( )。

(A)M　　　　　　　(B)B　　　　　　　　(C)G　　　　　　　　(D)X

21. 长大货物车的标记是( )。

(A)A　　　　　　　(B)K　　　　　　　　(C)D　　　　　　　　(D)L

22. 铁道车辆上涂有⌐标志的是表示( )。

(A)栓马　　　　　　(B)国际联运　　　　(C)超界　　　　　　(D)超重

23. 合理的制订涂装工艺的主要依据是( )。

(A)选择使用的油漆性能　　　　　　　　(B)适宜的涂装方法

(C)使用环境条件要求　　　　　　　　　(D)施工人员素质

24. 木材表面的漂白常用的是( )。

(A)氨水　　　　　　(B)双氧水　　　　　(C)香蕉水　　　　　(D)盐酸

25. 着色颜料粒度的直径为( )。

(A)5~6 μm　　　　(B)2~3 μm　　　　(C)4~5 μm　　　　(D)1~0.1 μm

26. 溶剂的低沸点是( )。

(A)130℃~150℃　　(B)100℃以下　　　(C)150℃以上　　　(D)120℃以下

27. 铁黄的主要成分是( )。

(A)$Fe_2O_3 \cdot H_2O$　　　(B)FeO　　　　　(C)Fe_3O_4　　　　　(D)$Fe(OH)_3$

28. 白色粉料锌钡白常称为(　　)。

(A)老粉　　　　　(B)锌粉　　　　　(C)立德粉　　　　　(D)大白粉

29. 油漆的保护性涂层膜厚是(　　)。

(A)$80 \sim 100\ \mu m$　(B)$150 \sim 200\ \mu m$　(C)$250 \sim 350\ \mu m$　(D)$10 \sim 20\ \mu m$

30. 湿度高及辐射线强使油漆膜(　　)。

(A)发黏　　　　　(B)老化破坏　　　(C)吸水膨胀破坏　(D)起皱

31. 红丹的主要化学成分是(　　)。

(A)PbO　　　　　(B)$PbSO_4$　　　　(C)Pb　　　　　　(D)Pb_3O_4

32. 抛(喷)丸除锈机抛(喷)的流速为(　　)。

(A)$79 \sim 80$ m/s　(B)$180 \sim 200$ m/s　(C)$30 \sim 50$ m/s　(D)$5 \sim 8$ m/s

33. 清除钢铁表面的氧化皮和铁锈的丸粒硬度为(　　)。

(A)HRC20～30　(B)HRC45～48　(C)HRC50～65　(D)HRC5～6

34. 适合于油漆涂装的金属表面除锈后粗糙度为(　　)μm最佳。

(A)$20 \sim 30$　　　(B)$40 \sim 75$　　　(C)$80 \sim 120$　　　(D)$200 \sim 300$

35. 对金属腐蚀最厉害的气体是(　　)。

(A)二氧化碳　　　(B)硫化氢　　　　(C)二氧化硫　　　(D)氢气

36. 影响钢铁的组织性能的主要化学元素是(　　)。

(A)硫　　　　　　(B)碳　　　　　　(C)钙　　　　　　(D)金

37. 由胺或酰胺与醛缩聚,并经过醇类醚化制得的树脂是(　　)。

(A)酚醛树脂　　　(B)脲醛树脂　　　(C)氨基树脂　　　(D)醇酸树脂

38. 由聚乙酸乙烯的醇溶液,用碱水解制得的热塑性树脂是(　　)。

(A)乙烯树脂　　　(B)聚氯乙烯树脂　(C)聚乙烯醇树脂　(D)聚氟乙烯树脂

39. 磁化铁颜料属于(　　)。

(A)体质颜料　　　(B)防锈颜料　　　(C)着色颜料　　　(D)填充颜料

40. 漆膜泛白的主要因素是(　　)。

(A)受潮湿　　　　(B)受高温　　　　(C)受辐射　　　　(D)底材白色

41. 油漆催干剂主要来源于(　　)。

(A)中性盐　　　　(B)酸性盐　　　　(C)金属盐　　　　(D)有机酸

42. 油漆工业常用的是(　　)色系。

(A)4 个　　　　　(B)6 个　　　　　(C)1 个　　　　　(D) 8 个

43. 酞菁紫属于(　　)。

(A)蓝色系统　　　(B)绿色系统　　　(C)紫色系统　　　(D)黑色系统

44. $PbCrO_4$是(　　)。

(A)镉黄　　　　　(B)铬黄　　　　　(C)铅铬黄　　　　(D)锌铬黄

45. 钛白粉主要的成分是(　　)。

(A)二氧化硅　　　(B)二氧化钛　　　(C)二氧化碳　　　(D)二氧化硫

46. 常用的炭黑(又叫黑姻子)主要化学成分是(　　)。

(A)炭粉　　　　　　　　　　　　　　(B)氧化铁和四氧化三铁

(C)石墨粉　　　　　　　　　　　　　　(D)钙粉

47. 甲苯属于(　　)。

(A)萜稀类　　　(B)煤焦类　　　　(C)脂类　　　　(D)酸类

48. 降低油漆光度的物质常用(　　)。

(A)氧化铝　　　　　　　　　　　　　(B)硬脂酸铝二甲苯溶液

(C)氧化锌　　　　　　　　　　　　　(D)硅油

49. 绝缘漆耐热在130℃是属于(　　)级。

(A)Y　　　　　(B)C　　　　　(C)B　　　　　(D)A

50. 结晶漆属于(　　)漆类。

(A)耐热　　　(B)防腐　　　　(C)美术　　　(D)皱纹

51. 高固体分厚涂层的控制厚度为(　　)μm。

(A)100～150　　　(B)250～350　　　(C)700～1000　　　(D)10～15

52. 油漆成膜可分为(　　)阶段。

(A)3个　　　(B)5个　　　　(C)8个　　　(D)1个

53. 涂装油漆漆膜的保护机理有(　　)方面。

(A)3个　　　(B)6个　　　　(C)11个　　　(D)2个

54. 海洋地区的漆膜主要防止(　　)的破坏。

(A)海风　　　(B)湿热　　　　(C)水　　　(D)盐雾

55. 电泳涂装有(　　)反应过程。

(A)两个　　　(B)四个　　　　(C)六个　　　(D)七个

56. 粉末涂料的粒度为10～74 μm,其涂着率为(　　)%。

(A)35　　　(B)60～70　　　(C)70～90　　　(D)100

57. 一般车辆所用的各色酚醛、醇酸磁漆要求出厂粘度为(　　)s。

(A)30～40　　　(B)60～90　　　(C)120～150　　　(D)20

58. 防止相撞、坠落、绊倒等危险的物品或地点所用醒目色是(　　)。

(A)红色　　　(B)橙色　　　　(C)黄色　　　(D)绿色

59. 表示退路、指示方向的退行色是(　　)。

(A)黑色　　　(B)黄色　　　　(C)白色　　　(D)红色

60. 笔划粗细一致、起落笔均有笔触是(　　)字体。

(A)黑字　　　(B)正楷　　　　(C)宋体　　　(D)仿宋

61. 常用油性底漆的粘度为(　　)s。

(A)30～40　　　(B)50～80　　　(C)25～35　　　(D)90

62. 一般体质颜料粒度直径在(　　)μm之间。

(A)20～100　　　(B)30～200　　　(C)18～19　　　(D)70～80

63. 辅助材料增塑剂的沸点为(　　)。

(A)100℃～120℃　　　(B)130℃～200℃　　　(C)250℃以上　　　(D)300℃以上

64. 客车常用醇酸磁漆适宜(　　)。

(A)滚涂　　　(B)喷涂　　　　(C)刷涂　　　(D)淋涂

65. 磷化膜的厚度控制在(　　)的范围之内。

(A)0.05~0.1 μm　　(B)0.5~1.5 μm　　(C)5~15 μm　　(D)20~35 μm

66. 除锈效果最好的方法是( )。
(A)机械法　　　　(B)碱液法　　　　(C)手工法　　　　(D)化学法

67. 下列关于乙烯性质的描述,错误的是( )。
(A)可以用作化学工业的基础产品　　(B)可以从石油中大量提取
(C)无色、无味的气体　　　　　　　(D)实验室内无法制备

68. 车间内油漆施工照明灯应安装( )灯具。
(A)防火　　　　　(B)防爆　　　　　(C)防炸　　　　　(D)金属

69. 黑白格用来测定油漆的( )。
(A)颜色　　　　　(B)固体分　　　　(C)遮盖力　　　　(D)细度

70. 聚氨酯树脂的( )性能优于其他树脂。
(A)附着力　　　　(B)耐候　　　　　(C)耐磨　　　　　(D)干燥

71. 粉末涂料涂膜中固体分含量是( )。
(A)50%　　　　　(B)70%　　　　　(C)90%　　　　　(D)100%

72. 要求具有保护与装饰性较高的涂层,应采用( )才能达到要求。
(A)常规一道涂膜　(B)复合涂膜　　　(C)多道面漆涂层　(D)重防腐涂层

73. 车间废水呈酸性溶液,其 pH 值( )7。
(A)大于　　　　　(B)等于　　　　　(C)小于　　　　　(D)不是

74. 根据被涂物材质分类,涂装可大致分为金属涂装和非金属涂装,下列方法不属于以上范畴的是( )。
(A)木器涂装　　　(B)黑色金属涂装　(C)船舶涂装　　　(D)混疑土表面涂装

75. 关于涂装类型,下列分类错误的是( )。
(A)金属涂装、非金属涂装　　　　　(B)汽车涂装、家具涂装
(C)装饰性涂装、非装饰性涂装　　　(D)手工涂装

76. 下列涂装方法属于按被涂物材质分类的是( )。
(A)汽车涂装　　　(B)木工涂装　　　(C)装饰性涂装　　(D)电器涂装

77. 下列涂装方法属于按涂层的性能和用途分类的是( )。
(A)防腐涂装　　　(B)建筑涂装　　　(C)家具涂装　　　(D)仪表涂装

78. 下列涂装方法不是按涂装方法分类的是( )。
(A)手工涂装　　　(B)静电涂装　　　(C)木工涂装　　　(D)电泳涂装

79. 底层涂装的主要作用是( )。
(A)美观、漂亮　　　　　　　　　　(B)防锈、防腐
(C)钝化底材表面　　　　　　　　　(D)增加下一涂层的附着力

80. 选择底层涂料时应注意( )。
(A)底层涂料有较高的光泽　　　　　(B)底层涂料的装饰性要求较高
(C)底层涂料有很强的防锈、钝化作用　(D)底层涂料不需要太厚

81. 选择底层涂料时,不需要注意( )。
(A)底层涂料对金属有较强的附着力　(B)底层材料有较高的装饰性
(C)底层材料有抑制性颜料和防锈颜料　(D)底层材料的防锈作用和钝化作用很强

82. 对底涂层有害的物质是(　　)。
(A)干燥的物体表面 　　　　　　　　　(B)油污、锈迹
(C)磷化膜 　　　　　　　　　　　　　(D)打磨后的材质表面

83. 中间涂层不应该有的性质是(　　)。
(A)较高的耐铁锈性质 　　　　　　　　(B)不易打磨、表面硬度高
(C)较高的填补性 　　　　　　　　　　(D)很高的装饰性

84. 对提高面漆表面装饰性有好处的方法是(　　)。
(A)很高温度的烘干条件 　　　　　　　(B)用很暗淡的颜色
(C)提高表面光泽 　　　　　　　　　　(D)很高的附着力

85. 高固体分涂料的原漆中固体分的质量分数通常为(　　)。
(A)90%～100% 　　(B)70%～80% 　　(C)65%～70% 　　(D)50%～60%

86. 高固体分涂料的一次性成膜厚度可达到(　　)μm。
(A)30～40 　　　　(B)40～50 　　　　(C)15～30 　　　　(D)60～80

87. 粉末涂料分为(　　)。
(A)热固型和自干型 　　　　　　　　　(B)热塑型和自干型
(C)自干型和烘干型 　　　　　　　　　(D)热固型和热塑型

88. 中间涂层由于具有(　　)特性,因而常被用在装饰性较高的场合中。
(A)中间涂层具有承上启下的作用 　　　(B)中间涂层具有较好的附着力
(C)中间涂层的光泽不高 　　　　　　　(D)中间涂层的价格不高

89. 中间涂层不具有的性能是(　　)。
(A)比中间涂层的附着力、流平性好 　　(B)中间涂层有较好的防锈性能
(C)中间涂层平整、光滑、易打磨 　　　(D)中间涂层填充性好

90. 面涂层不应具有(　　)特性。
(A)有较好的抗冲击性 　　　　　　　　(B)有较好的抗紫外线特性
(C)填充性和柔韧性一般 　　　　　　　(D)装饰性较高

91. 考察电泳底漆性能的优劣,通常用(　　)试验进行实验室考察。
(A)硬度 　　　　(B)耐盐雾性 　　　　(C)膜厚 　　　　　(D)泳透力

92. 喷涂、刷涂、浸涂、淋涂中,(　　)效率最低。
(A)喷涂 　　　　(B)浸涂 　　　　　　(C)淋涂 　　　　　(D)刷涂

93. 腻子作为填补用涂料不能用来填补的缺陷是(　　)。
(A)裂缝 　　　　(B)漏漆 　　　　　　(C)凹凸不平 　　　(D)细孔、针眼

94. 制作腻子用刮刀不能用的材质是(　　)。
(A)木质 　　　　(B)玻璃钢 　　　　　(C)硬塑料 　　　　(D)弹簧钢

95. 下列涂装方法属于非溶剂型涂装的是(　　)。
(A)静电涂装 　　(B)高固体分涂装 　　(C)电泳涂装 　　　(D)高压无气喷涂

96. "目"是指每一平方(　　)内的筛孔数。
(A)米 　　　　　(B)分米 　　　　　　(C)厘米 　　　　　(D)毫米

97. 刮涂腻子的主要作用不包括(　　)。
(A)将涂层修饰得均匀平整 　　　　　　(B)填补涂层中细孔、裂缝等

(C)增加涂层的附着力　　　　　　　(D)填补涂层中明显的凹凸部位

98. 刮涂腻子的操作主要缺点是(　　)。

(A)腻子中颜料比例太高　　　　　　(B)涂层涂装修饰太平整

(C)劳动强度大,工作效率低　　　　　(D)腻子易开裂

99. 腻子按不同的使用要求,其类型有(　　)。

(A)填坑型　　　　　　　　　　　　(B)找平型

(C)满涂型　　　　　　　　　　　　(D)以上三种都包括

100. 下列打磨方法适合装饰性较低的打磨操作的是(　　)。

(A)干打磨　　(B)湿打磨　　(C)机械打磨　　(D)所有方法

101. 下列打磨方法工作效率最高的是(　　)。

(A)干打磨法　　　　　　　　　　　(B)湿打磨法

(C)机械打磨法　　　　　　　　　　(D)上述方法效率均低

102. 若涂布一工件,其面积为 100 m²,固体分质量分数为 40%,其涂层厚度为 20 μm,则涂层总厚度大约为(　　)。

(A)10 μm　　(B)8 μm　　(C)15 μm　　(D)5 μm

103. 下列涂装生产工序正确的是(　　)。

(A)打磨—喷底漆—喷中间层—打蜡—喷面漆

(B)打腻子—喷底漆—打磨—喷面漆—打蜡

(C)喷底漆—打腻子—喷中间层—喷面漆—打蜡

(D)打磨—打腻子—喷底漆—喷中间层—喷面漆

104. 将压敏胶带粘在被涂物的涂膜表面上,然后用手拉开,此种方法是为检测漆膜的(　　)性质。

(A)耐磨性　　(B)耐擦伤性　　(C)防冲击力　　(D)附着力

105. 关于清漆在储存过程中变色的问题,下列论述不正确的是(　　)。

(A)清漆无颜色,因而不会变色　　　　(B)该漆中酸性树脂与铁桶反应导致变色

(C)松节油类在铁容器内储存过久而变色　(D)漆中有易水解物质而变色

106. 有些油漆在涂装后涂膜暗淡无光,其产生的主要原因是(　　)。

(A)油漆底材木质较干而产生　　　　(B)油漆光泽本身就较低

(C)细砂纸打磨后抛光造成　　　　　(D)烘干时受到烟气的影响

107. 涂膜发脆的主要原因是(　　)。

(A)涂层之间附着力较差　　　　　　(B)油漆中各种材料配比不当

(C)烘烤时间过长引起　　　　　　　(D)上述所有原因都有关系

108. 下列方法能使涂膜减少锈蚀的是(　　)。

(A)处理底层后不需用底漆　　　　　(B)不管底材如何,喷涂较厚涂膜

(C)金属表面未经处理,直接喷涂防锈漆　(D)金属底材一定要完全除锈并涂装底漆

109. 夏季气温较高时涂装容易发生的缺陷是(　　)。

(A)流挂　　(B)针孔　　(C)颗粒　　(D)打磨痕迹

110. 涂料中不慎滴入水滴,施装中可能产生的缺陷是(　　)。

(A)缩孔和桔皮　　(B)针孔和流挂　　(C)针孔和缩孔　　(D)干燥较差

111. 下列各种施工方法不易产生砂纸痕迹的方法是(　　)。

(A)用力打磨底材　　　　　　　　(B)用机械打磨机操作

(C)增加喷涂厚度　　　　　　　　(D)干打磨

112. 油漆施工粘度较低会导致(　　)。

(A)涂膜较厚　　　　(B)桔皮　　　　(C)流挂　　　　(D)缩孔较多

113. 100 mL 水和 100 mL 酒精混合在一起,它们的体积是(　　)mL。

(A)小于 200　　　　(B)等于 200　　　　(C)大于 200　　　　(D)不一定

114. 关于分子,下列说法正确的是(　　)。

(A)水变成水蒸气时,化学性质发生变化

(B)碳在氧气中燃烧,它们的分子都发生了化学变化

(C)硫和碳放在一起时,它们的分子都会发生化学变化

(D)盐溶于水时,盐分子和水分子都发生了化学变化

115. 一般物体的热胀冷缩现象说明(　　)。

(A)物体的分子之间紧密连接　　　　(B)物体的分子之间有很多空气

(C)物体的分子之间有间隔　　　　(D)物体的分子之间间隔不变

116. 下列说法正确的是(　　)。

(A)空气是一种元素　　　　　　　(B)空气是一种化合物

(C)空气是几种化合物的混合物　　　(D)空气是几种单质和几种化合物的混合物

117. NO_2 的读法是(　　)。

(A)一氮化二氧　　(B)二氧化一氮　　(C)二氧化氮　　(D)一氮二氧

118. 四氧化三铁的化学分子式是(　　)。

(A)O_4Fe_3　　　(B)Fe_3O_3　　　(C)Fe_3O_4　　　(D)$4O_3Fe$

119. $Ca(OH)_2$ 相对分子质量的计算方法是(　　)。

(A)$(40+16+1)\times 2$　　　　　(B)$40+(16+1)\times 2$

(C)$40+16+1\times 2$　　　　　(D)$40\times(16+1)\times 2$

120. 元素是具有(　　)的一类原子的总称。

(A)相同质量　　(B)相同中子数　　(C)相同核电荷数　　(D)相同电子数

121. 关于分子和原子,下列说法正确的是(　　)。

(A)物质都是由原子构成的　　　　(B)物质都是由分子构成的

(C)物质不都是由分子或原子构成的　(D)物质是由分子或原子构成的

122. 关于原子的组成,下列说法正确的是(　　)。

(A)原子包含原子核和电子

(B)原子核不能再分

(C)原子核不带电

(D)电子没有质量,因此一个原子中有无数个电子

123. 相同的元素具有相同的(　　)。

(A)中子数　　　(B)核电荷数　　　(C)原子数　　　(D)分子数

124. 硫酸铜分子的化学分子式是(　　)。

(A)$CuSo4$　　　(B)$cuSO4$　　　(C)$CUSO4$　　　(D)$CuSO_4$

125. 二氧化碳分子中,碳的质量：氧的质量＝(　　　)(碳的相对分子质量为12,氧的相对分子质量为16)。

(A)2：3　　　　　　(B)3：8　　　　　　(C)4：5　　　　　　(D)3：7

126. 下列化学式的写法正确的是(　　　)。

(A)氧化钙(CaO)　　　　　　　　　　(B)二氧化硫(CO2)

(C)五氧化二磷(S2O5)　　　　　　　　(D)三氧化二铁(2 Fe3 O)

127. 一个原子的质量数是由(　　　)决定的。

(A)质子数＋电子数　　　　　　　　　(B)电子数＋中子数

(C)质子数＋中子数　　　　　　　　　(D)质子数＋中子数＋电子数

128. 关于电子的排布规律,下列说法正确的是(　　　)。

(A)在同一个原子中,不可能有运动状态完全相同的两个电子同在

(B)核外电子总是尽先占能量最高的轨道

(C)在同一电子亚层中的各个轨道上,电子的排布将尽可能分占不同的轨道,而且自旋方向相同

(D)核外电子总是尽先占能量最低的轨道

129. 随着原子序数的递增,原子半径由大变小的是(　　　)。

(A)碱金属　　　　(B)卤素　　　　(C)同一族的元素　　　　(D)同一周期的元素

130. 含油量在(　　　)%以下者,为短油度醇酸树脂。

(A)40　　　　　　(B)80　　　　　　(C)20　　　　　　(D)50

131. 随着原子序数的递增,化学性质变活泼的是(　　　)。

(A)碱金属　　　　(B)卤素　　　　(C)同一族的元素　　　　(D)同一周期的元素

132. 随着原子序数的递减,化学性质变活泼的是(　　　)。

(A)碱金属　　　　(B)卤素　　　　(C)同一族的元素　　　　(D)同一周期的元素

133. 关于元素周期表,下列说法正确的是(　　　)。

(A)7个周期中的元素数是相同的　　　　(B)各个族中的元素数是相同的

(C)所有的周期都是完全的　　　　　　　(D)表中有长周期

134. 下列元素与水反应最强烈的是(　　　)。

(A)铁　　　　　　(B)镁　　　　　　(C)钠　　　　　　(D)铜

135. 下列酸中,最强的是(　　　)。

(A)盐酸　　　　　(B)硫酸　　　　　(C)硝酸　　　　　(D)高氯酸

136. 下列符号中,写法正确的元素符号是(　　　)。

(A)SZ　　　　　　(B)O2　　　　　　(C)a1　　　　　　(D)FE

137. 关于原子在化学变化中的说法,正确的是(　　　)。

(A)能够再分　　　　　　　　　　　　(B)有时能分,有时不能分

(C)不能再分　　　　　　　　　　　　(D)可以变成其他原子

138. 原子核(　　　)。

(A)由电子和质子构成　　　　　　　　(B)由质子和中子构成

(C)由电子和中子构成　　　　　　　　(D)不能再分

139. 原子中质子的数量等于(　　　)。

(A)中子和电子数之和　　　　　　　　　　(B)中子数

(C)电子数　　　　　　　　　　　　　　　(D)相对原子质量

140. 碳的相对原子质量是(　　　)。

(A)12　　　　　　(B)1.2 g　　　　　　(C)1/12 g　　　　　(D)1.993×10⁻²⁶ kg

141. 下列各叙述中,错误的是(　　　)。

(A)化学反应前后,物质的质量总和是一样的

(B)化学反应前后,元素的种类是一样的

(C)化学反应前后,物质和分子数是一样的

(D)化学反应前后,各种原子的总数是一样的

142. 元素的化学性质主要取决于原子的(　　　)。

(A)核外电子层数　　(B)最外层电子数　　(C)核内中子数　　(D)核内质子数

143. 下列变化属于物理变化的是(　　　)。

(A)用自来水制蒸馏水　　　　　　　　　(B)木材变成木炭

(C)铁生锈　　　　　　　　　　　　　　(D)二氧化碳使石灰水变混浊

144. 下列微粒中(原子或离子)半径最小的是(　　　)。

(A)Li　　　　　　(B)Na　　　　　　　(C)Li⁺　　　　　　(D)K

145. 下列离子半径最小的是(　　　)。

(A)F⁻　　　　　　(B)Na⁺　　　　　　(C)Al³⁺　　　　　　(D)Mg²⁺

146. 下列各式中,正确表示硫酸铜与氢氧化钠反应的化学方程式是(　　　)。

(A)$CuSO_4+2NaOH \!=\!\!= Cu(OH)_2\downarrow + Na_2SO_4$

(B)$CuSO_4+NaOH \!=\!\!= Cu(OH)_2 + Na_2SO_4$

(C)$CuSO_4+2NaOH \!=\!\!= Cu(OH)_2 + Na_2SO_4$

(D)$CuSO_4+2NaOH \!=\!\!= CuOH + Na_2SO_4$

147. 关于原子核外电子排布说法错误的是(　　　)。

(A)在同一个原子中,不可能有运动状态完全相同的两个电子存在

(B)核外电子总是尽先占领能量最低的轨道

(C)在同一亚层各轨道上,电子排布尽可能分占不同的轨道,而且自旋方向相同

(D)电子运动与它的电子云伸展方向无关

148. 喷涂喷出的漆雾流方向,应当尽量(　　　)于物体表面。

(A)平行　　　　　　(B)呈 30°角　　　　(C)垂直　　　　　　(D)呈 45°角

149. 下列酸液中,酸性最强的是(　　　)。

(A)H_4SiO_4　　　　(B)H_3PO_4　　　　(C)$HClO_4$　　　　(D)$HClO$

150. 对于同一主族的元素,下列说法正确的是(　　　)。

(A)从下到上电子层数增多　　　　　　　(B)从下到上原子半径减少

(C)从下到上失电子能力逐渐增强　　　　(D)从下到上得电子能力逐渐减弱

151. 既能溶于酸,又能溶于碱的物质是(　　　)。

(A)Fe_2O_3　　　　(B)MgO　　　　　(C)$Al(OH)_3$　　　　(D)SiO_2

152. 4 g氧气可跟(　　　)g氢气完全反应。

(A)1　　　　　　　(B)2　　　　　　　(C)0.5　　　　　　(D)4

153. 铝在氧气中燃烧生成三氧化二铝(Al_2O_3)。在这个反应中,铝、氧气、三氧化二铝的质量比是(   )。

(A)27∶32∶102   (B)27∶24∶43   (C)9∶8∶17   (D)4∶3∶2

154. 3 g镁在足量的氧气中燃烧,可得到氧化镁(   )g。

(A)10   (B)6   (C)5   (D)12

155. 下列物质中,存在着氧分子的是(   )。

(A)二氧化碳   (B)空气   (C)水   (D)氯酸钾

156. 为防止流挂产生,一次喷涂厚度一般在(   )μm左右为宜。

(A)15   (B)20   (C)25   (D)30

157. 涂装后立即进入高温烘烤,容易产生的缺陷是(   )。

(A)流挂   (B)颗粒   (C)针孔   (D)缩孔

158. 涂装场所的相对湿度应不超过(   )。

(A)50%   (B)60%   (C)70%   (D)80%

159. 涂膜表面颜色与使用涂料的颜色有明显色差,称为(   )。

(A)变色   (B)色差   (C)涂色   (D)发花

160. 涂装设备中若含有硅酮物质容易产生的缺陷是(   )。

(A)针孔   (B)缩孔   (C)桔皮   (D)色差

161. 耐候性差的涂料容易产生的缺陷是(   )。

(A)裂纹   (B)剥落   (C)粉化   (D)开裂

162. 电泳过程中出现涂膜薄的原因是(   )。

(A)工作电压低   (B)工作电压高   (C)固体分高   (D)固体分低

163. 浸涂法不适用于带有(   )的工件涂装。

(A)通孔   (B)凸台   (C)凹孔   (D)平面

164. 手工辊涂法最适宜使用(   )涂料。

(A)厚浆型   (B)自干型   (C)烘干型   (D)都可以

165. 刮腻子用软刮具是由(   )制成的。

(A)不锈钢   (B)弹簧钢   (C)耐油橡胶   (D)玻璃钢

166. 下列不属于漆面抛光美容作用的是(   )。

(A)消除失光缺陷   (B)消除轻微颗粒、划痕

(C)增光、提高鲜映性   (D)除油脂、润滑

167. 下列不属于罩清漆双层做法常出现的涂膜缺陷是(   )。

(A)底层磨穿   (B)杂色或串色

(C)失光   (D)水磨不干而出现漆泡

168. 以下涂装工艺或材料中,对环境污染最大的是(   )。

(A)溶剂涂料   (B)水性涂料   (C)电泳涂装   (D)粉末涂装

169. 不属于腻子开裂、脱落问题产生原因的是(   )。

(A)涂刮厚,韧性差   (B)环境湿度大

(C)腻子耐温变性差   (D)蒙皮或骨架强度弱,扭曲或振动受力

170. 喷枪喷幅有三个区:中心湿润区、雾化区、外层过渡雾化区,以下描述正确的

是( )。

(A)面漆喷枪喷幅分散 　　　　　　　(B)底漆喷枪中心区较窄

(C)面漆喷枪雾化区较窄 　　　　　　(D)面漆喷枪中心区较宽

171. 皂化反应的产物是肥皂和( )。

(A)水 　　　　(B)脂肪酸 　　　　(C)甘油 　　　　(D)泡沫

172. 喷漆最普遍采用的方法是( )。

(A)静电喷涂法 　　　　　　　　　　(B)高压无气喷涂法

(C)空气喷涂法 　　　　　　　　　　(D)混气喷涂法

173. 两种原色相混合能得( )。

(A)间色 　　　　(B)补色 　　　　(C)复色 　　　　(D)混色

三、多项选择题

1. 车辆涂装工程的关键,是要抓好( )这几个要素。

(A)涂装材料 　　(B)涂装工艺 　　(C)涂装管理 　　(D)售后服务

2. 车辆涂层的主要质量指标有( )、耐介质性能、涂层厚度等。

(A)外观装饰性 　　(B)耐候性 　　(C)耐蚀性 　　(D)机械强度

3. 以下情况会造成桔皮的是( )。

(A)所用的溶剂挥发速度太快 　　　　(B)涂料的粘度太高

(C)涂料雾化不好 　　　　　　　　　(D)喷涂过厚,枪距太近

4. 检查人员应检查所用涂料和稀释剂( )。

(A)运输是否安全 　　　　　　　　　(B)与所规定的相同

(C)储存在未损坏的容器中 　　　　　(D)按生产商的说明书进行混合

5. 按涂料的构成分为( )。

(A)溶剂型 　　(B)水型漆 　　(C)无溶剂型 　　(D)粉末涂料

6. 色差的产生与( )有关。

(A)油漆批次 　　(B)施工工艺 　　(C)施工参数 　　(D)油漆粘度

7. 车辆面漆的颜色可以分为( )。

(A)本色 　　(B)金属闪光 　　(C)珠光色 　　(D)清漆

8. 车辆用面漆按照干燥特性可以分为( )。

(A)热塑性 　　(B)热固性 　　(C)只有一种 　　(D)无所谓

9. 中涂打磨所要处理的主要的缺陷有( )。

(A)缩孔 　　(B)颗粒 　　(C)气泡 　　(D)流挂

10. 处理涂膜的颗粒缺陷的方法有( )。

(A)直接抛光 　　　　　　　　　　　(B)大的颗粒进行打磨,进行修补

(C)小颗粒研磨后进行抛光 　　　　　(D)涂漆遮盖

11. 漆膜的厚度与( )有关。

(A)遮盖力 　　(B)抗流挂性 　　(C)抗针孔性 　　(D)抗气泡性

12. 为了计算所施工涂层的干膜厚度,必须知道( )。

(A)涂布率 　　(B)VOC 　　(C)湿膜厚度 　　(D)体积固体分含量

13. 溶剂的挥发速率影响(　　)。

(A)膜厚　　　　　　(B)流平性　　　　　(C)湿边时间　　　　　(D)光泽

14. 涂料对基材的附着力不好,可能引起的原因有(　　)。

(A)劣质表面处理　　　　　　　　　(B)涂层间的污染

(C)基材表面太粗糙　　　　　　　　(D)前道环氧涂层完全固化

15. 底漆的作用是(　　)。

(A)附着在基材上,为以后施工提供基础　　　(B)美观

(C)提高耐磨性　　　　　　　　　　(D)防止锈蚀

16. 桔皮产生的可能原因有(　　)。

(A)施工粘度过低　　　　　　　　　(B)喷涂方法不正确

(C)晾干时间不足　　　　　　　　　(D)施工时温度过高

17. 涂料中加入助剂是用于(　　)。

(A)溶解基料　　　　(B)减少沉淀　　　　(C)阻止霉菌　　　　(D)提供防静电性

18. 按涂料是否含有颜料分类的有(　　)。

(A)面漆　　　　　　(B)清漆　　　　　　(C)粉末漆　　　　　(D)色漆

19. 次要成膜物质包括(　　)。

(A)着色颜料　　　　(B)体质颜料　　　　(C)防锈颜料　　　　(D)稀料

20. 抛光后没有将抛光灰擦净产生的影响有(　　)。

(A)油漆车身光泽不良　　　　　　　(B)麻点

(C)影响附着力　　　　　　　　　　(D)影响 DOI 值

21. 白化、发白的影响因素有(　　)。

(A)施工场所的空气湿度　　　　　　(B)被涂物的温度低于室温

(C)涂料和稀剂含水,或压缩空气带入水分　(D)稀释剂过量

22. 低漆打磨工序处理 PVC 的残胶的方法有(　　)。

(A)用刮刀刮平　　　(B)用砂纸打磨　　　(C)擦净　　　　　　(D)不要处理

23. 车辆涂装中,面漆的颜色(色彩)可分为(　　)两类。

(A)本色　　　　　　(B)珠光色　　　　　(C)高光色　　　　　(D)金属色

24. 溶剂从涂膜中逃逸可以以(　　)状态出现。

(A)表面上的气泡或起泡　　　　　　(B)缩孔

(C)渗色　　　　　　　　　　　　　(D)针孔

25. 下列(　　)类型的涂料是通过溶剂挥发达到干燥目的的。

(A)环氧漆　　　　　(B)氯化橡胶漆　　　(C)乙烯漆　　　　　(D)无机硅酸锌底漆

26. 电泳涂装是一个极为复杂的电化学反应过程,其中至少包括(　　)四个过程。

(A)电泳　　　　　　(B)电沉积　　　　　(C)电渗　　　　　　(D)电解

27. 表面粗糙度的深度可用下列(　　)进行测量。

(A)卡尺　　　　　　　　　　　　　(B)比测器和试样

(C)复制品胶带　　　　　　　　　　(D)深度刻度盘测微计

28. 涂过程中发现油漆遮盖力差、露底,可能的原因是(　　)。

(A)涂料自身遮盖力差　　　　　　　(B)涂料产生沉淀使用时未搅拌

(C)喷涂太薄　　(D)底材光滑

29. 判断水洗是否需要换槽液的参数是(　　)。

(A)电导率　　(B)pH 值　　(C)碱(酸)污染度　　(D)浓度

30. 脱脂剂需检测参数是(　　)。

(A)总碱　　(B)游离碱　　(C)电导率　　(D)碱比

31. 中涂的主要作用是(　　)。

(A)保护电泳漆涂膜　　(B)提高面漆涂膜外观

(C)耐崩裂　　(D)增加膜厚

32. 磷化处理的目的是(　　)。

(A)提高工件的防腐性能　　(B)工件除锈

(C)增强涂料的附着力　　(D)工件脱脂

33. 喷涂的三原则是(　　)。

(A)运行速度　　(B)喷枪距离　　(C)图样搭配宽度　　(D)扇面大小

34. 粉末涂装容易出现的缺陷有(　　)。

(A)桔皮　　(B)缩孔　　(C)针孔　　(D)流挂

35. 车辆漆的特点有(　　)。

(A)优良的耐候性和耐腐蚀性　　(B)极高的装饰性

(C)良好的施工性和配套性　　(D)优良的机械强度和耐化学性

36. 漆膜的功能有(　　)。

(A)着色　　(B)遮盖　　(C)标识　　(D)防腐蚀

37. 分散介质的两个特性为(　　)。

(A)溶解力　　(B)挥发速率　　(C)熔点　　(D)分散度

38. 涂装生产过程中添加的助剂有(　　)。

(A)着色剂　　(B)流平防缩孔剂　　(C)防流挂剂　　(D)固化剂

39. 涂层在烘干室内的整个固化过程中,工件涂层的温度随着时间变化,通常分为(　　)三个阶段。

(A)升温　　(B)降温　　(C)保温　　(D)冷却

40. 存放在漆库内的油漆必须做好标识,其内容包括(　　)。

(A)化学品危害成分　　(B)油漆性能指标

(C)化学品安全技术说明书　　(D)应急预案

41. 普通溶剂型底漆的树脂类型为(　　)。

(A)羟基聚酯树脂　　(B)羟基丙烯酸树脂

(C)功能性丙烯　　(D)聚氨酯树脂

42. 面漆的装饰性主要体现在(　　)。

(A)高光泽　　(B)高丰满度　　(C)高鲜映性　　(D)高防腐

43. 下列属于附着力不合格的原因有(　　)。

(A)烘烤温度过高　　(B)前处理不好

(C)工件表面被污染　　(D)溶剂选择不当

44. 常规的影响涂装质量的因素一般包括(　　)几个方面。

(A)原材料　　　　(B)人员操作　　　　(C)设备　　　　(D)环境

45. 目前涂装对白车身表面油污的清理方式有(　　)。

(A)热水洗　　　　(B)预脱脂　　　　(C)脱脂　　　　(D)硅烷技术

46. 下列属于人为操作失误导致的缺陷有(　　)。

(A)流挂　　　　(B)少漆　　　　(C)漏装　　　　(D)错喷

47. 涂料在储运过程中可能会出现的质量问题有(　　)。

(A)流挂　　　　(B)变色　　　　(C)沉淀　　　　(D)结皮

48. 粘度太高或太低产生的原因有(　　)。

(A)原料错误　　　　(B)人为错误　　　　(C)计量错误　　　　(D)施工参数低

49. 固体分太高产生的原因有(　　)。

(A)颜料分散体太多　　　　　　　　(B)流挂控制剂太少

(C)外界环境太差　　　　　　　　(D)施工条件差

50. 下列属于前处理的缺陷的是(　　)。

(A)沉渣　　　　(B)磷化膜不均匀　　　　(C)条纹　　　　(D)黄锈

51. 流挂的产生与涂料的(　　)有关。

(A)粘度　　　　(B)密度　　　　(C)湿漆膜的厚度　　　　(D)外界环境

52. 涂膜产生的伤痕包括(　　)。

(A)接触伤痕　　　　(B)碰划伤　　　　(C)笔划痕　　　　(D)打磨痕

53. 在喷涂过程中漆雾飞溅或落在被涂面或涂膜上形成虚雾,影响涂膜的(　　)。

(A)光泽　　　　(B)厚度　　　　(C)外观装饰　　　　(D)硬度

54. 产生颗粒涂膜缺陷的主要原因有(　　)。

(A)涂装环境的清洁度　　　　　　　　(B)涂料的清洁度

(C)被涂物表面的清洁度　　　　　　　　(D)作业人员带入(或造成)的尘埃

55. 涂装质量管理中,常用的管理工具有(　　)。

(A)波动图　　　　(B)排列图　　　　(C)调查表　　　　(D)因果图

56. PVC的作业过程中影响底漆打磨的缺陷是(　　)。

(A)胶雾　　　　(B)残胶　　　　(C)漏底　　　　(D)装饰不良

57. 测定附着力的方法有(　　)等。

(A)画圈法　　　　(B)划格法　　　　(C)扭力法　　　　(D)目视法

58. 常见的出现在涂装前的焊装车身表面的油污有(　　)。

(A)润滑油　　　　(B)防锈油　　　　(C)拉伸油　　　　(D)人体表面的油污

59. 底漆打磨工序检查PVC(　　)的缺陷。

(A)残胶　　　　(B)漆雾　　　　(C)沥青板的铺设　　　　(D)没有必要检查

60. 下列属于电泳涂膜弊病的是(　　)。

(A)涂膜过薄　　　　(B)涂膜颗粒　　　　(C)流挂　　　　(D)涂膜条纹

61. 涂料涂膜的外观检测包括(　　)。

(A)附着力检测　　　　(B)平整度检测　　　　(C)硬度检测　　　　(D)油漆的外观

62. 油漆外观水平NAP值的组成包括(　　)。

(A)桔皮　　　　(B)DOI　　　　(C)光泽　　　　(D)硬度

63. 下列 VIN 码不合格的有( )。

(A)无法拓号　　　(B)表面焊渣　　　(C)返修痕迹　　　(D)字体间隔不均匀

64. 涂料都具有一定的力学性能,力学性能包括( )。

(A)硬度　　　(B)冲击强度　　　(C)柔韧性　　　(D)耐水性

65. 色差产生的原因有( )。

(A)涂料本身存在色差　　　(B)表面受到污染

(C)温度太高　　　(D)喷涂工具未清洗干净

66. 涂膜发白可能产生的原因有( )。

(A)施工湿度太大　　　(B)施工设备中含有水分

(C)施工温度过低　　　(D)涂料中含有水分

67. 失光产生的可能原因有( )。

(A)底材粗糙　　　(B)施工时温度过高

(C)喷涂气压过大　　　(D)施工时湿度过大

68. 缩孔产生的原因有( )。

(A)涂料对被涂物表面的润湿性差　　　(B)表面受到污染

(C)温度太低　　　(D)粘度太低

69. 处理涂膜表面的桔皮,正确的是( )。

(A)轻微桔皮抛光即可　　　(B)严重桔皮则打磨后返工

(C)统一用砂纸打磨即可　　　(D)涂漆遮盖

70. 桔皮产生的主要原因有( )。

(A)环境温度高　　　(B)涂料粘度低　　　(C)喷枪速度快　　　(D)涂层厚

71. 关于涂膜,下列说法正确的是( )。

(A)过厚的涂膜会增加成本　　　(B)涂膜过厚会引起起泡

(C)涂膜过薄易受到腐蚀　　　(D)过薄降低涂膜寿命

72. 正确的选择涂装方法,应当考虑的因素主要根据( )。

(A)产品涂装目的　　　(B)选用涂料性能

(C)被涂件的材质　　　(D)现有设备及工具

73. 溶剂挥发速度太快,易产生( )缺陷。

(A)针孔　　　(B)麻点　　　(C)桔皮　　　(D)流挂

74. 漆膜出现流挂现象产生的原因有( )。

(A)喷枪距喷涂表面过近且出漆量大　　　(B)气压过高,扇幅过宽

(C)连续、大量喷涂没有闪干时间　　　(D)温度过低,漆膜干燥速度过慢

75. 出现涂膜附着力不良的原因有( )。

(A)底材打磨不良　　　(B)除油不彻底

(C)塑料件没上塑料底漆　　　(D)漆膜薄

76. 涂装作业时,由于喷枪距板面过近,出漆量过大,速度慢,工作环境中灰尘、蜡脂的回落等原因会出现( )。

(A)流挂　　　(B)疵点　　　(C)鱼眼　　　(D)桔皮

77. 涂装中的"三防"指的是( )。

(A)防腐蚀　　(B)防湿热　　(C)防霉菌　　(D)防盐雾

78.静电喷涂法根据涂料的雾化形式可分为(　　)。

(A)离心力静电雾化式　　　　　　(B)空气雾化式

(C)液压雾化式　　　　　　　　　(D)高压无气雾化式

79.颜料的主要性能有(　　)。

(A)遮盖力　　(B)颜色、着色力　　(C)分散度　　(D)耐光性和耐候性

80.烘干炉炉体保温材料有(　　)。

(A)矿渣棉　　(B)玻璃棉　　(C)膨胀珍珠岩　　(D)硅藻土

81.砂纸是一种涂有磨料的纸,砂纸主要采用的磨料有(　　)。

(A)二氧化碳　　(B)金钢砂　　(C)氧化铝　　(D)碳酸钙

82.空气雾化喷枪上一般配有两个控制阀门,分别接通和阻断(　　)。

(A)油漆　　(B)压缩空气　　(C)空气　　(D)高压油漆

83.影响一个涂装物体表面的颜色的因素有(　　)。

(A)光源的影响　　　　　　　　　(B)光源照度的影响

(C)视距离远近的影响　　　　　　(D)物体大小的影响、物体表面状态的影响

84.下列属于喷漆室功能的是(　　)。

(A)防止工人吸入漆雾及有害气体　(B)过滤提供洁净空气,以保持漆面不受污染

(C)保护外界环境,降低环境污染　　(D)有利于漆雾均匀附着于车身表面

85.喷漆室由(　　)组成。

(A)动压室　　(B)静压室　　(C)喷涂操作室　　(D)格栅底板

86.除掉漆雾的空气可通过排风机排向室外,水洗涤方式有(　　)。

(A)喷射式　　(B)水幕式　　(C)文丘里式　　(D)水旋式

87.喷枪按涂料供给方式分,可分为(　　)。

(A)吸上式　　(B)重力式　　(C)负压式　　(D)压送式

88.解决金属漆漆膜发黏的方式有(　　)。

(A)降低流平剂含量　　　　　　　(B)增加流平剂含量

(C)降低喷房温度　　　　　　　　(D)增加喷房温度

89.下列属于油漆喷涂主要工艺参数的是(　　)。

(A)颜基比　　(B)涂料粘度　　(C)喷漆室温度　　(D)涂料固体分

90.静电涂装的雾化面积与(　　)有关。

(A)出漆量　　(B)喷杯口径　　(C)喷杯转速　　(D)涂料粘度

91.涂料过滤器现用的有(　　)。

(A)袋式过滤器　　(B)振荡过滤器　　(C)金属过滤器　　(D)油过滤器

92.抛光的主要作用有(　　)。

(A)消除打磨后印迹　　　　　　　(B)消除面漆表面小的颗粒

(C)增强光泽度　　　　　　　　　(D)增加抗划伤性

93.涂装车间所用压缩空气应满足的要求有(　　)。

(A)清洁　　(B)无油　　(C)无水　　(D)有点水汽

94.所有打磨工位都安装积水盘的主要作用为(　　)。

(A)防止打磨水流出,污染环境　　　　　(B)吸附打磨灰及其他灰尘

(C)生产要求　　　　　　　　　　　　　(D)现场要求安装

95. 调节喷枪(　　)使得喷出的漆雾均匀,雾化良好。

(A)出漆量　　　　(B)出气量　　　　(C)调节部件　　　　(D)枪针

96. 常用的油漆循环系统的循环型式有(　　)。

(A)主管式　　　　(B)两线式　　　　(C)三线式　　　　(D)支线式

97. 面漆修补分为(　　)三个工位。

(A)打磨　　　　　(B)抛光　　　　　(C)擦净　　　　　(D)点修补

98. 面漆的两个基本功用是(　　)。

(A)填充　　　　　(B)装饰　　　　　(C)防护　　　　　(D)耐候

99. 空气喷枪主要由(　　)组成。

(A)枪体　　　　　(B)枪头　　　　　(C)调节机构　　　　(D)连接件

100. 车用的主要防声材料按其功能可分为(　　)。

(A)防震材料　　　(B)隔音材料　　　(C)吸音材料　　　(D)复合成型材料

101. 细密封常出现的缺陷是(　　)。

(A)胶条起皱　　　(B)涂抹不良　　　(C)气泡　　　　　(D)胶条脱落

102. 下列属于阴极电泳工序过程的是(　　)。

(A)车身电泳过程　(B)超滤液清洗　　(C)去离子水洗　　(D)电泳底漆烘干

103. 沥青板在夏季材料软化,从产品架上取出时产生掉落,有时还产生断落缺陷,其防治
措施是(　　)。

(A)在其表面涂布滑石粉　　　　　　　(B)增加剥离纸

(C)涂布石膏粉　　　　　　　　　　　(D)涂布生石灰

104. 高压无气喷涂的喷吐量将随着涂料的(　　)的变化而发生变化,需加以调节。

(A)密度　　　　　(B)喷涂压力　　　(C)质量　　　　　(D)体积

105. 用黏性纱布擦净的主要目的是(　　)。

(A)去除打磨灰　　(B)防止再次污染　(C)增加附着力　　(D)无特殊意义

106. 中涂打磨主要检查上一工序的(　　)缺陷。

(A)流挂　　　　　(B)缩孔　　　　　(C)碰伤　　　　　(D)桔皮

107. 涂装工艺的三个基本工序是(　　)。

(A)漆前表面处理　(B)涂布　　　　　(C)干燥　　　　　(D)修饰抛光

108. 塑料件涂层结构为(　　)。

(A)底漆　　　　　(B)中涂　　　　　(C)面漆　　　　　(D)罩光

109. 电泳的特性包括(　　)。

(A)库仑效率　　　(B)最大电流值　　(C)膜厚　　　　　(D)泳透力

110. 涂装新工艺的发展方向是(　　)。

(A)减少 VOC 排放　　　　　　　　　(B)减少能耗

(C)简化工艺　　　　　　　　　　　　(D)增加设备投资

111. 底漆打磨作业间的主要设备有(　　)。

(A)格栅　　　　　(B)压缩空气输送　(C)照明　　　　　(D)空气过滤装置

112. 漆膜不连续情况下腐蚀速率会受到(　　)影响。

(A)涂料系统的类型　　　　　　　　　(B)涂层膜厚

(C)基材上出现的内在氧化皮　　　　　(D)不连续处出现的电解液

113. 三元磷化指(　　)。

(A)锌　　　　　(B)镍　　　　　(C)锰　　　　　(D)铁

114. 电泳的缩孔产生的主要原因有(　　)。

(A)槽液中有油污　　　　　　　　　　(B)冲洗液有油污

(C)颜基比失调　　　　　　　　　　　(D)涂料本身溶解不良

115. 电泳涂膜太薄,下列因素正确的是(　　)。

(A)电压偏低　　(B)固体分偏低　　(C)溶剂分偏低　　(D)pH偏低

116. 塑料件涂层的组成有(　　)。

(A)底漆　　　　(B)中涂　　　　(C)色漆　　　　(D)罩光

117. 涂装车间常用的消防器材有(　　)。

(A)1211　　　　(B)CO_2　　　　(C)干粉　　　　(D)泡沫

118. 常用附着力检测划格器刀齿间距是(　　)。

(A)1 mm　　　　(B)2 mm　　　　(C)3 mm　　　　(D)4 mm

119. 根据涂料成膜过程的不同车辆常用涂料可分为(　　)。

(A)热固性　　　　(B)热塑性　　　　(C)热溶性　　　　(D)热交联型

120. 油漆产生粉化的原因有(　　)。

(A)错误使用稀释剂　　　　　　　　　(B)固化剂使用不正确

(C)环氧基涂料　　　　　　　　　　　(D)涂料中的颜料对紫外线敏感

121. 聚氨酯类涂料的优点有(　　)。

(A)优良的光泽保持性　　　　　　　　(B)优良的保色性

(C)优良的耐水/溶剂性　　　　　　　 (D)优良的耐磨性

122. 涂膜桔皮测定法符号正确的是(　　)。

(A)水平面长波 LH　　　　　　　　　(B)水平面短波 SH

(C)垂直面长波 LV　　　　　　　　　(D)垂直面短波 SV

123. 气泡的产生过程有(　　)。

(A)水分渗透　　(B)扩散　　　　(C)滞留　　　　(D)蒸发

124. ESTA 的主要设备有(　　)。

(A)顶机　　　　(B)侧喷机　　　(C)供漆系统　　　(D)安全、控制系统

125. 按油污对金属基体的吸附力,可分为(　　)。

(A)中性油污　　(B)极性油污　　(C)非极性油污　　(D)碱性油污

126. 下列关于氢氧化钠的说法正确的是(　　)。

(A)又叫苛性钠　　　　　　　　　　　(B)属强碱

(C)对钢铁无侵蚀作用　　　　　　　　(D)在常温、中温下对钢铁有侵蚀作用

127. 涂装废气处理法有(　　)。

(A)直接燃烧法　　(B)催化燃烧法　　(C)活性碳吸附法　　(D)吸收法

128. 涂装三检制是(　　)。

(A)自检　　　　　　(B)抽检　　　　　　(C)专检　　　　　　(D)互检

129. 燃烧的三个条件是(　　)。

(A)着火源　　　　　(B)可燃物　　　　　(C)易燃物　　　　　(D)助燃物

130. 丙烯酸涂料的优点有(　　)。

(A)良好的附着力、抗机械性能　　　　　(B)良好的光泽保持性、耐候性

(C)在寒冷的条件下也能干燥　　　　　　(D)保色性好、耐紫外线

131. 环氧树脂漆的优点有(　　)。

(A)优良的耐化学/溶剂性　　　　　　　(B)低的水渗透性

(C)优良的附着力　　　　　　　　　　　(D)能达到较厚的漆膜厚度

132. 改善三原则是(　　)。

(A)时间、距离最短原则　　　　　　　　(B)物流畅通原则

(C)变性原则　　　　　　　　　　　　　(D)PDCA 原则

133. 阴极电泳发展的零方向包括(　　)。

(A)有机溶剂含量　　(B)UF 液排放量　　(C)重金属含量　　　(D)颜料含量

134. 现场管理 100% 实现三定是指(　　)。

(A)定品种　　　　　(B)定位置　　　　　(C)定方向　　　　　(D)定数量

135. 涂料从存在状态上可分为(　　)。

(A)固体成分　　　　(B)颜料成分　　　　(C)稀料成分　　　　(D)助剂成分

136. 工伤判定三要素是(　　)。

(A)意外事件　　　　(B)工作时间　　　　(C)工作地点　　　　(D)因为工作

137. 以下属于 5S 中整顿的内容是(　　)。

(A)零件、料箱、料架、工位器具未定置或未标识

(B)班组园地没有晨会定置线

(C)地面有散落的零件、余料

(D)现场的报废品、不良品未标识或未分类定置摆放

138. 关于溶剂的溶解能力,下列说法正确的是(　　)。

(A)成膜物质只能溶解在与它分子结构相似的溶剂中

(B)极性溶剂可溶解极性成膜物质

(C)极性溶剂可溶解非极性物质

(D)在一定条件下,溶剂的溶解能力越大,其使用量越小

139. 造成裂纹的可能原因是(　　)。

(A)硬性的油漆施工在相对软性的油漆上　(B)膜厚太高

(C)钢板温度太高　　　　　　　　　　　(D)环境温度太高

140. 下列属于易燃品的有(　　)。

(A)有机溶剂　　　　(B)汽油　　　　　　(C)烃类的氯化物　　(D)乙醇

141. 关于稀释剂,下列说法正确的是(　　)。

(A)溶剂能溶解成膜物质

(B)助溶剂能单独溶解成膜物质

(C)冲淡剂可以调整涂料粘度

(D)稀释剂是涂料成分中的一个重要组成部分

142. 稀释剂的作用有(　　　)。

(A)调节涂料粘度　　　　　　　　　　(B)提高涂料储存稳定性

(C)增强涂料的附着力　　　　　　　　(D)改善涂膜流平性

143. 关于浸涂法,下列说法正确的有(　　　)。

(A)生产效率高　　　　(B)操作简单　　　　(C)节省涂料　　　　(D)适用范围广

144. 高压无气喷涂法的优点是(　　　)。

(A)应用范围广　　　　(B)涂料利用率高　　　　(C)环境污染小　　　　(D)涂装覆盖率高

145. 粉末涂装的优点有(　　　)。

(A)涂料附着力强　　　　　　　　　　(B)节省涂料,环境污染小

(C)涂层均匀,涂膜质量好　　　　　　(D)凹凸部位涂膜均匀

146. 下列情况不宜进行涂装作业的是(　　　)。

(A)钢板温度低于 40℃时　　　　　　(B)基材温度高于露点温度 3℃以下时

(C)相对湿度高于 85%时　　　　　　(D)有大风、雨、雾或钢板表面有水时

147. 可以用磨砂纸处理的涂层缺陷有(　　　)。

(A)流挂　　　　(B)起皱　　　　(C)橘皮　　　　(D)渗色

148. 面漆的作用有(　　　)。

(A)面漆是整个涂层的最后一道涂料　　(B)在整个涂层中发挥着装饰和保护作用

(C)决定了涂层的耐久性和外观等性能　(D)装饰

149. 根据烘干时涂漆表面上的热作用方式,干燥设备可以分为(　　　)。

(A)辐射式干燥设备　　　　　　　　　(B)红外线干燥设备

(C)对流式干燥设备　　　　　　　　　(D)感应式干燥设备

150. 手工除锈后的清洁度划为(　　　)三个等级。

(A)S-0 级　　　　(B)S-1 级　　　　(C)S-2 级　　　　(D)S-3 级

四、判 断 题

1. 100 mL 的水和 100 mL 的酒精混合在一起的体积大于 200 mL。(　　　)

2. 分子是静止不动的。(　　　)

3. 分子是组成物质的最小微粒。(　　　)

4. 原子和分子一样,也是在不断地运动着。(　　　)

5. 物质全部是由原子构成的。(　　　)

6. 原子是不能再被分割的最小微粒。(　　　)

7. 原子中有质子、中子、电子,其中质子和中子构成原子核。(　　　)

8. 由同一种分子组成的物质是单质。(　　　)

9. 不同元素组成的纯净物称为化合物。(　　　)

10. 地球上存在最多的元素是碳。(　　　)

11. 氧元素的含量占地壳质量分数的 50%。(　　　)

12. 氧化钙分子的分子式为 Ca_2O。(　　　)

13. 二氧化碳分子中有一个碳原子和两个氧原子。(　　　)

14. 质量守恒定律指的是反应前后物质的质量不发生变化。（　　）

15. 在元素周期表中,金属元素钠到非金属元素氯,原子序数递增,原子半径也递增。（　　）

16. 原子序数递增或递减并不会影响元素原子半径的任何变化。（　　）

17. 元素的化合价随着原子序数的递增而起着周期性变化。（　　）

18. 元素周期表中各周期元素的数目不全相同。（　　）

19. 元素周期表已经完全填完,没有不完全周期。（　　）

20. 元素周期表横向称族,纵向称周期。（　　）

21. 元素得电子能力越强,其非金属性就越强。（　　）

22. 同一族中元素原子序数越大,金属性越强。（　　）

23. 铝的氧化物和非氧化物表现出两性,说明铝是一种非金属。（　　）

24. 某一种元素在某物质中的质量分数可以通过物质的分子式和相对原子质量计算出来。（　　）

25. 电子因为在一个分子中数量很多,因此在计算相对分子质量时,它是一个很重要的因素。（　　）

26. 电子的运动速度很快,因此无法知道电子在一个原子的哪一部分经常出现。（　　）

27. 因为原子中电子数量很多,它们聚集时称为电子云。（　　）

28. 电子根据其离原子核的远近可以分为不同的电子层。（　　）

29. 在同一电子层中的电子具有相同的电子云。（　　）

30. 因为电子太小了,因此将电子分布在不同电子层后就无法再分了。（　　）

31. 涂装方法与涂料的涂装特点有极大的关系。（　　）

32. 电泳涂装、静电喷涂、粉末静电喷涂等方法都容易形成自动化流水线涂装。（　　）

33. 辊涂法有手工和自动两种方法。（　　）

34. 阳极电泳涂装法比阴极电泳涂装法更先进。（　　）

35. 高压无空气喷涂法也称为高压无气喷涂法或原浆涂料喷涂法。（　　）

36. 刮涂是涂装生产中的一种常用的涂装方法。（　　）

37. 使用腻子刀刮腻子时,可以在刀口两面蘸有腻子。（　　）

38. 刮涂凹坑时,应当先填腻子后刮平整。（　　）

39. 幕帘式淋涂法也称为浇涂法。（　　）

40. 高压无气喷涂中的气动式也是一种有空气喷涂法。（　　）

41. 在满足浸涂件涂层质量要求的情况下,放入槽内的涂料量、浸涂槽敞开的口径越少越小为好。（　　）

42. 浸涂的主要工艺参数是涂料的粘度。（　　）

43. 高压无气喷枪的枪嘴可分为圆形和椭圆形两种。（　　）

44. 高压无气喷枪不适合热塑型丙烯酸树脂类涂料。（　　）

45. 高压无气喷枪适合粘度小、固体分含量低的涂料涂装。（　　）

46. 手提式静电喷枪的喷涂距离为 22～300 mm。（　　）

47. 淋涂不适于双组分涂料的涂装。（　　）

48. 高压无气喷涂比普通空气喷涂的涂装效率要高 5 倍以上。（　　）

49. 往复式空压机的结构原理与往复式水泵相似。(　　)

50. 辊涂时涂料的粘度一般为100 s(涂-4 杯,25℃)为宜。(　　)

51. 垂流与涂料的粘度、密度以及湿涂膜的厚度有关。(　　)

52. 湿碰湿工艺适用于热固性涂料。(　　)

53. 颗粒缺陷是由于涂膜表面落上灰尘及异物产生的。(　　)

54. 在涂料中加入油料和催干剂就能防止起皱现象。(　　)

55. 被涂物涂面漆后底层涂料被咬起产生皱纹、胀起等现象,称为起皱。(　　)

56. 起泡主要是由于底材或底涂层含有水分造成。(　　)

57. 涂料表面颜色不均匀,呈现色彩不同的斑点或条纹等的现象,称为发花。(　　)

58. 涂装挥发性涂料时不易产生白化和发白现象。(　　)

59. 只要是同一厂家同一类型涂料混合,就不会产生发花现象。(　　)

60. 由于在涂膜形成过程中的对流现象而产生浮色和发花。(　　)

61. 在含有机颜料的涂层上再涂装异种颜色的涂料容易产生渗色。(　　)

62. 涂膜表面颜色与使用涂料的颜色有明显色差,干燥后涂膜颜色变深或变浅,称为渗色。(　　)

63. 烘烤过度或非对流循环干燥容易产生失光现象。(　　)

64. 涂料中加入稀释剂太多会造成干燥不良。(　　)

65. 涂膜未经晾干直接进入高温烘烤会产生缩孔。(　　)

66. 陷穴与缩孔产生的原因基本相同。(　　)

67. 涂料的粘度过稀容易产生桔皮现象。(　　)

68. 涂膜表面有虚雾状,并且严重影响其光泽的缺陷,称有漆雾。(　　)

69. 刚涂装完的涂膜的光泽、色相与标准样板有差异或补涂的部位与原涂面的颜色不同的现象,称为变色。(　　)

70. 被涂物表面太光滑会产生涂膜脱落现象。(　　)

71. 裂纹的产生是由于气候的作用使涂膜发生老化造成的。(　　)

72. 涂膜在使用过程中失去本色或变浅的现象,称为色差。(　　)

73. 电泳涂装时工作电压过高会产生针孔。(　　)

74. 磷化膜上带有油污会导致涂膜产生针孔。(　　)

75. 被涂物在超滤液中停留过长会使电泳涂膜溶解。(　　)

76. 泳透力低会造成背离电极部分电泳涂层过薄现象。(　　)

77. 刷涂法应用范围很广。(　　)

78. 刷涂法的缺点是劳动强度大,生产效率低。(　　)

79. 刮涂法的缺点是涂膜质量差,打磨工作量大。(　　)

80. 被称为具有现代技术特色的涂装方法有高压无气喷涂、电泳涂装、静电涂装和粉末涂装等。(　　)

81. 自动辊涂只能进行单面涂装。(　　)

82. 空气喷涂法的优点是涂料利用率高。(　　)

83. 电泳涂装法的优点是涂料的利用率高,涂膜的附着力好,适于流水线作业。(　　)

84. 涂膜的好坏不仅取决于涂料本身的质量,还取决于施工质量的好坏。(　　)

85. 聚氨酯是聚氨基甲酸酯的简称。(　　)

86. 阴极电泳涂料呈阴离子型。(　　)

87. 阳极电泳涂装被涂物是阴极。(　　)

88. 电泳涂装过程伴随着电解、电泳、电沉积、电渗四种电化学物理现象。(　　)

89. 粉末涂装法的优点是一次涂层可达要求厚度。(　　)

90. 浸涂法的缺点是涂层质量不高,容易产生流挂。(　　)

91. 刷涂法只适用于建筑工程。(　　)

92. 辊涂法也适用于形状复杂的工件。(　　)

93. 电泳涂装法只适用于汽车行业。(　　)

94. 涂装方法的选择与被涂物的材质有很大关系。(　　)

95. 电泳涂装法的缺点是设备复杂,投资费用高,管理要点多。(　　)

96. 粉末涂装法的优点是换色容易。(　　)

97. 涂装方法的选择与被涂物的涂膜质量无关。(　　)

98. 涂装方法应该向着自动化、无污染、高效化的方向发展。(　　)

99. 氨基树脂类涂料是合成树脂涂料中保护性好、装饰性强的一类涂料。(　　)

100. 刷涂受到涂装场所及环境条件的限制。(　　)

101. 辊涂法多使用自干型涂料。(　　)

102. 电泳电源采用的是交流电源。(　　)

103. 阴极电泳涂装是目前电泳涂装的主导方向。(　　)

104. 刷涂法是一种现代化的涂装方法。(　　)

105. 高压无气喷涂,涂料的雾化不用压缩空气,而是涂料本身直接受到高压的结果。(　　)

106. 刮腻子能增强涂膜的附着力。(　　)

107. 腻子能使涂膜的柔韧性提高。(　　)

108. 被涂物涂装前的表面状况及预处理质量不会对涂膜有多大影响。(　　)

109. 常用的脱脂方法有碱液清洗法、表面活性剂清洗法、有机溶剂清洗法等。(　　)

110. 脱脂方法的选择取决于油污的性质、污染程度、被清洗物的材质及生产方式等。(　　)

111. 使用有机溶剂脱脂,工件不会发生腐蚀。(　　)

112. 碱性清洗液是将一定比例的碱或碱性盐类溶解在水中而配成的。(　　)

113. 化学除锈时,提高酸的含量和温度会加快工件的腐蚀速度。(　　)

114. 矿物油是一种可皂化的油污。(　　)

115. 油污按极性可分为极性和非极性两种。(　　)

116. 金属制品在机械加工过程中不会被油污污染。(　　)

117. 涂装操作过程中,因皮肤外露面沾上涂料,只要用溶剂擦掉就可以了。(　　)

118. 溶剂的闪点决定了涂料的危险等级。(　　)

119. 涂料施工场所必须有良好的通风、照明、防火、防爆、防毒、除尘等设备。(　　)

120. 采用静电喷涂方法可以完全避免漆雾飞散而不会污染空气。(　　)

121. 为防止中毒,涂装作业后不得立即饮酒。(　　)

122. 为防止火灾和爆炸,涂装作业场所严禁烟火。( )

123. 因电泳涂装采用直流电源,因而不会对人体产生伤害。( )

124. 挥发性的可燃气体在混合气体中含量过多时就会产生爆炸。( )

125. 涂装车间的所有电气设备和照明装置均应防爆。( )

126. 一级易燃品的闪点应在 28℃~45℃之间。( )

127. 调合漆属于一级易燃品范围。( )

128. 溶剂的自燃点温度应高于闪点温度。( )

129. 燃烧天然气的烘干炉,燃烧装置不用设置防爆阀门。( )

130. 高空涂装作业与操作者的健康状况无关。( )

131. 在配制硫酸溶液时,要切记先加水后加酸的顺序。( )

132. 涂装车间的门应向内开。( )

133. 涂装车间的所有金属设备均应可靠接地。( )

134. 涂装现场、涂料库、调漆间应备有必要的消防器材,并设置"禁火"标志。( )

135. 为防止中毒,必须做好个人防护。( )

136. 用铁器敲击开启涂料金属桶或溶剂金属桶时,易产生静电火花,会引起火灾或爆炸。( )

137. 采用硫酸溶液除锈,其含量在质量分数为 25% 时最好。( )

138. 采用碱液脱脂时,应根据不同材质调节槽液的 pH 值,以取得好的脱脂效果。( )

139. 从铁锈的结构看,外层较疏松,越向内越紧密。( )

140. 按被涂物的材质分,涂装可分为金属涂装、木器涂装和塑料涂装等。( )

141. 装饰性涂装可分为高级、中级和一般装饰性涂装。( )

142. 在各种涂装方法中,有手工涂装、电泳涂装、粉末涂装、汽车涂装等。( )

143. 由于底层涂料可防锈,并有钝化作用,又与被涂件表面直接接触,因此被涂件的表面状态就不是一个很重要的处理工序。( )

144. 若涂料原漆固含量高,则其施工固含必定高。( )

145. 稀释剂干燥速度及闪干时间对面漆光泽度有一定影响。( )

146. 压缩空气内含有油或水分,容易出现缩孔或鱼眼。( )

147. 金属漆、珍珠漆具有随角异色效应。( )

148. 色彩有冷暖、轻重感,蓝、绿色属于冷色调。( )

149. 喷枪与被涂物应呈直角平行移动,相邻喷雾搭接 1/4~1/3。( )

150. 烘干室内粉尘、污物应定期及时清扫,粘附漆面后易造成颗粒问题。( )

151. 涂装车间电器附近着火,应立即关闭电源;工作服着火,应就地打滚将火熄灭。( )

152. 面/色漆喷枪口径应控制在 1.6 mm 以上。( )

153. 喷漆操作时应控制喷漆室内呈微正压状态。( )

154. 喷涂距离过近,单位时间内形成的涂膜就越厚,易产生流挂。( )

155. 喷枪的空气压力、涂料喷出量、喷雾图样幅度之间没有关系。( )

156. 前处理电泳过程中,工装未按要求安装会导致车身变形甚至报废。( )

157. 电泳槽液温度过高,溶剂挥发快,漆膜增厚,浮漆多,易产生颗粒,槽液老化速度加快。(　　)

158. 水砂纸的号数越大,则其粒度越细。(　　)

五、简 答 题

1. 什么是涂-4 粘度计?

2. 什么是表面活性剂?

3. 什么是电化学腐蚀?

4. 什么是酸洗磷化一步法?

5. 什么是皂化反应?

6. 什么是萜烯溶剂?

7. 什么是电解?

8. 什么是远红外?

9. 什么是电渗?

10. 什么是电极电位?

11. 什么是催化聚合干燥?

12. 什么是湿碰湿?

13. 什么是露点腐蚀?

14. 什么是噪声?

15. 什么是倒光?

16. 什么是涂装环境?

17. 什么是泛黄?

18. 什么是发白?

19. 什么是加速老化?

20. 什么是工艺守则?

21. 试述酸的通性。

22. 简述 Na_2CO_3 和 $NaHCO_3$ 化学性质的不同点。

23. 请用化学反应方程式 $CuO + H_2 = Cu + H_2O$ 分析氧化—还原反应中电子得失、化合价升降及氧化剂还原剂的情况。

24. 简述苯的结构及其化学性质。

25. 简述丙三醇的俗名及其工业应用。

26. 铝及其合金为什么要进行表面处理?

27. 木制品的表面预处理方法有哪些?

28. 塑料制品涂装前表面处理的目的是什么?

29. 塑料制品涂装前化学处理的目的是什么?

30. 锌及其合金为什么要进行表面处理?

31. 什么是氨基树脂?

32. 硝基漆有哪些优缺点?

33. 丙烯酸树脂涂料有哪些性能特点?

34. 环氧树脂涂料的性能特点如何？

35. 组成涂料的树脂有哪些特性？

36. 简述表面活性剂的除污原理。

37. 简述表面活性剂的用途。

38. 简述涂料的经济性。

39. 何为加色法配漆？

40. 简述在配色过程中辅助添加剂的加入原则。

41. 简述溶剂的选用原则。

42. 简述混合溶剂的优点。

43. 静电喷涂的主要设备有哪些？

44. 手提式静电喷枪的结构如何？

45. 简述粉末喷涂的优点。

46. 粉末回收装置有哪些结构形式？

47. 电泳涂装设备由哪些部分组成？

48. 涂料有哪几种干燥形式？

49. 烘干室的热传递有哪几种形式？

50. 简述涂料储存一段时间后产生沉淀的原因及其防治方法。

51. 涂料及溶剂易引起燃烧的原因是什么？

52. 什么是乙烯树脂？

53. 聚酯树脂漆有哪几种类型？

54. 油漆溶剂分为哪几类？

55. 为什么说环氧树脂漆类是较好的防腐性油漆？

56. 油漆施工方法有哪些？

57. 简述空气喷涂法的适用范围。

58. 电泳涂漆的化学过程包括哪些？

59. 什么是丙烯酸酯树脂？

60. 简述静喷涂雾化的方式有几种。

61. 机械除锈方法有几种？

62. 金属腐蚀有几种类型？

63. 铁道车辆常用厚浆型沥青防腐涂料有哪些特性？

64. 简述新造机车喷涂阻尼浆的部位。

65. 简述铁路罐车内部清理锈油的方法。

66. 铁道车辆上应有哪些主要标志？

67. 写出甲醇和丙酮溶剂的化学分子式。

68. 写出三酸(硝酸、硫酸、盐酸)及三碱(氢氧化纳、氢氧化钾、氢氧化钙)的化学分子式。

69. 写出常用颜料铁红粉、铬绿粉、钴蓝粉等的化学分子式。

70. 写出中铬黄颜料的化学分子式。

六、综　合　题

1. 涂装生产中为何产生废水？请举例说明。

2. 涂装前表面预处理的酸洗废水有什么危害?

3. 简述手工空气喷涂的危害。

4. 如何处理含铬废水?

5. 简述天然大漆的成分与性能。

6. 简述聚氨酯油漆的组成与分类。

7. 怎样制订油漆施工工艺文件?

8. 漆膜为什么会失光? 如何处理?

9. 简述流挂产生原因及其防治方法。

10. 简述氨基烘漆施工工艺过程。

11. 简述电泳颗粒的概念及其防治方法。

12. 油脂漆分为哪几类? 其适用范围如何?

13. 写出常用辅助材料大白粉(老粉)、去母粉、石棉粉、滑石粉、石膏粉的化学分子式。

14. 简述淋涂法的优点。

15. 简述辊涂法的主要优点。

16. 常用的刮涂工具有哪些?

17. 简述重力式喷枪的优缺点。

18. 一般空气喷涂时枪件之间距离如何选择?

19. 高压空气喷涂适用于哪些涂料?

20. 简述高压空气喷涂的优点。

21. 简述高压空气喷枪的组成及使用要求。

22. 涂装过程中常见的涂膜缺陷有哪些? 请例举 10 例。

23. 使用过程中产生的涂膜损坏类型有哪些? 请例举 10 例。

24. 电泳涂装过程中产生的涂膜缺陷有哪些? 请例举 10 例。

25. 在涂装操作上应如何防止流挂产生?

26. 涂膜颗粒缺陷有哪几种?

27. 如何防止涂膜起皱的产生?

28. 涂膜发花产生的原因有哪些?

29. 如何防止涂膜的缩孔产生?

30. 简述涂膜粉化产生的原因及防治方法。

31. 配机车外墙板涂刷绿色醇酸磁漆一道,用漆 6.5 kg,问需白色和绿色醇酸磁漆多少量进行调配?(已知白色醇酸磁漆和绿色磁漆的比例为 4:2)

32. 涂刷客车外墙板 150 m² 的绿色醇酸磁漆,则需要多少千克的绿色醇酸磁漆。(查表已知每千克绿色醇酸磁漆能涂刷 25 m²)

33. 涂刷货车内墙板 150 m² 的磁化铁酚醛防锈漆,问需要多少千克的磁化铁酚醛防锈底漆。(查表已知磁化铁酚醛防锈底漆,每千克能刷 20 m²)

34. 涂刷客车内木制件 20 件,共计 180 m² 的硝基清漆,问需要硝基清漆多少千克?(查表已知每千克硝基清漆能涂刷 22 m²)

35. 现有油漆 300 g,固体含量为 53.1%,涂刷面积为 3.045 m²,这漆膜厚度是多少微米?(已知该漆的密度为 1.107 g/cm²)

涂装工(中级工)答案

一、填 空 题

1. 汉语拼音	2. 两位数字	3. 辅助	4. 主要
5. 电化学腐蚀	6. 化学	7. 合成	8. 热固性
9. 辅助材料	10. 粉末涂料	11. 表面干燥	12. 体质颜料
13. 惰性	14. 涂层	15. 化学处理法	16. 蒸汽
17. 喷射法	18. 汉语拼音	19. 22	20. 轻工用
21. 1：2	22. 保护	23. 30	24. 抹油
25. 低粘	26. 水砂纸	27. 手柄	28. 喷头
29. 光泽	30. 除油	31. PQ-1 型	32. 磁化铁
33. 加色	34. 表干	35. 废水	36. 铸铁
37. 类型	38. B	39. 中油度	40. 100℃
41. 无机颜料	42. 任何颜色	43. 铝粉	44. 中绿油漆
45. 碱土金属盐类	46. S-1 级	47. 冷磷化	48. 粒胶
49. 透明度高	50. 严禁	51. 阻止	52. 干燥温度
53. 坚硬	54. 成分	55. 金属	56. 喷嘴
57. 高压	58. 10	59. 底面处理	60. 电泳
61. 静电效应	62. 浓度	63. 100	64. 紫
65. 高效率	66. 刮涂	67. 酸液	68. C
69. 爆炸品专用	70. 二氧化碳	71. 622～770	72. 容器不封闭漏气
73. 底面不干净	74. 水源	75. 金属盐类	76. 恶心
77. 热固型	78. 基本名称	79. 水溶	80. 附着力
81. 干性	82. 成膜	83. 干燥快	84. 锈
85. 浸渍	86. 湿热	87. 电解质	88. 露点
89. 装饰	90. 附着力	91. 肥皂和甘油	92. 非皂化油
93. 动物油和植物油	94. 碱洗	95. 表面活性剂	96. 乳化剂
97. 离子乳化剂	98. 水包油型	99. 金属氧化物	100. 氧化物
101. 强腐蚀性	102. 浓度	103. 氢脆	104. O
105. 缓蚀	106. 溶解	107. 化学	108. 磷酸铁
109. 电阻绝缘	110. 游离酸度	111. 游离状态	112. 磷酸盐
113. 总酸度	114. 氧化剂	115. 表面活性剂	116. 磷化液
117. 氢氧化钠	118. 湿热	119. 膜层	120. 氧化铁
121. 电解液	122. 溶解	123. 轻金属	124. 潮湿空气

125. 划格法	126. 磷酸	127. 浓度	128. 铜合金
129. 电压击穿法	130. 溅射刻蚀	131. 有机化合物	132. 溶解
133. 皂化和乳化	134. 喷涂机	135. 温度	136. 高温
137. 防锈油	138. 空气压缩机	139. 油水分离器	140. 粉末静电
141. 表面预处理	142. 双组分	143. 带电	144. 厚浆
145. 热辐射	146. 旋杯式	147. 防潮剂	148. 湿
149. 纹理	150. 粘度	151. 35	152. 对流式
153. 蒸汽	154. 表面预处理	155. 厚	156. 高
157. 泳涂件	158. 取出	159. 附着力	160. 通风
161. 冷却	162. 光泽	163. 阴极电泳	164. 电解
165. 腐蚀	166. 打圈	167. 轻轻擦净	

二、单项选择题

1. B	2. D	3. C	4. A	5. B	6. B	7. B	8. C	9. A
10. C	11. D	12. B	13. B	14. C	15. B	16. B	17. A	18. C
19. D	20. B	21. C	22. B	23. C	24. B	25. D	26. B	27. A
28. C	29. B	30. C	31. D	32. A	33. B	34. B	35. B	36. B
37. C	38. C	39. B	40. A	41. C	42. D	43. C	44. C	45. B
46. A	47. B	48. B	49. B	50. C	51. C	52. B	53. A	54. D
55. B	56. B	57. B	58. C	59. C	60. C	61. C	62. B	63. C
64. B	65. C	66. D	67. C	68. B	69. B	70. C	71. D	72. B
73. C	74. C	75. D	76. B	77. A	78. C	79. B	80. C	81. B
82. B	83. C	84. C	85. C	86. A	87. B	88. A	89. B	90. C
91. B	92. D	93. B	94. B	95. C	96. C	97. C	98. C	99. D
100. A	101. C	102. B	103. C	104. D	105. A	106. B	107. D	108. D
109. B	110. D	111. C	112. C	113. A	114. B	115. C	116. D	117. C
118. C	119. B	120. C	121. C	122. B	123. B	124. D	125. B	126. A
127. C	128. D	129. C	130. D	131. A	132. B	133. D	134. B	135. D
136. B	137. C	138. B	139. B	140. A	141. B	142. B	143. B	144. C
145. A	146. C	147. A	148. B	149. C	150. B	151. C	152. B	153. C
154. C	155. B	156. C	157. C	158. C	159. B	160. B	161. C	162. A
163. C	164. B	165. C	166. D	167. C	168. A	169. B	170. A	171. C
172. A	173. A							

三、多项选择题

1. ABC	2. ABCD	3. ABCD	4. BCD	5. ABCD	6. ABCD
7. ABC	8. AB	9. ABCD	10. BC	11. ABCD	12. CD
13. BCD	14. ABD	15. AD	16. BCD	17. BCD	18. BD
19. ABC	20. ABD	21. ABC	22. AB	23. AD	24. ABD

25. BC	26. ABCD	27. BCD	28. ABC	29. ABC	30. ABD
31. ABC	32. AC	33. ABC	34. ABC	35. ABCD	36. ABD
37. AB	38. BCD	39. ACD	40. ACD	41. AB	42. ABC
43. ABCD	44. ABCD	45. ABC	46. ABCD	47. BCD	48. ABC
49. AB	50. ABCD	51. ABC	52. ABC	53. AC	54. ABCD
55. ABCD	56. AB	57. ABC	58. ABCD	59. ABC	60. ABD
61. ABCD	62. ABC	63. ABCD	64. ABC	65. ABD	66. ABCD
67. ABD	68. AB	69. AB	70. AB	71. ABCD	72. ABCD
73. ABC	74. AC	75. ABC	76. ABC	77. BCD	78. ABC
79. ABCD	80. ABCD	81. BC	82. AB	83. ABCD	84. ABC
85. ABCD	86. ABCD	87. ABD	88. AD	89. BC	90. ABCD
91. AB	92. ABC	93. ABC	94. AB	95. AB	96. ABCD
97. ABD	98. BD	99. ABC	100. ABCD	101. AB	102. ABCD
103. AB	104. AB	105. ABCD	106. ABC	107. ABCD	108. ACD
109. ABC	110. ABCD	111. ABCD	112. ABCD	113. ABC	114. ABCD
115. ABC	116. ACD	117. ABCD	118. AB	119. AB	120. CD
121. ABCD	122. ABC	123. ABCD	124. ABCD	125. BC	126. AB
127. ABCD	128. ACD	129. ABC	130. ABCD	131. ABCD	132. ABD
133. AB	134. ABD	135. AC	136. BCD	137. ABD	138. ABD
139. ABCD	140. ABD	141. ACD	142. ABCD	143. ABCD	144. ABCD
145. ABC	146. BCD	147. ABC	148. ABC	149. BCD	150. BCD

四、判断题

1. ×	2. ×	3. ×	4. √	5. ×	6. ×	7. √	8. ×	9. √
10. ×	11. √	12. ×	13. √	14. ×	15. ×	16. ×	17. √	18. √
19. ×	20. ×	21. √	22. √	23. ×	24. √	25. ×	26. ×	27. ×
28. √	29. ×	30. ×	31. √	32. √	33. √	34. ×	35. √	36. √
37. ×	38. √	39. ×	40. ×	41. √	42. √	43. √	44. ×	45. ×
46. ×	47. ×	48. ×	49. √	50. √	51. √	52. √	53. ×	54. ×
55. ×	56. ×	57. √	58. ×	59. ×	60. √	61. √	62. ×	63. √
64. √	65. ×	66. √	67. ×	68. √	69. ×	70. √	71. ×	72. ×
73. √	74. ×	75. √	76. √	77. √	78. √	79. √	80. √	81. ×
82. ×	83. √	84. √	85. √	86. ×	87. √	88. √	89. √	90. √
91. ×	92. ×	93. ×	94. √	95. √	96. ×	97. ×	98. √	99. √
100. ×	101. √	102. ×	103. √	104. ×	105. √	106. ×	107. ×	108. ×
109. √	110. √	111. √	112. √	113. √	114. ×	115. √	116. ×	117. ×
118. √	119. √	120. ×	121. √	122. √	123. ×	124. ×	125. √	126. ×
127. ×	128. √	129. ×	130. ×	131. √	132. ×	133. √	134. √	135. √

136. √ 137. × 138. √ 139. √ 140. × 141. √ 142. × 143. × 144. ×

145. √ 146. √ 147. √ 148. √ 149. × 150. √ 151. √ 152. × 153. √

154. √ 155. × 156. √ 157. √ 158. √

五、简 答 题

1. 答:用金属制成支架,圆锥形的容量为 100 mL 的容器(2分),最底部有圆形漏嘴(1分),同秒表配合使用(2分)。

2. 答:在物体的分界面上,具有活化性能的物质(5分)。

3. 答:金属与液态的酸、碱、盐以及水、潮湿空气等电解质接触产生的化学反应引起的腐蚀(5分)。

4. 答:是采用酸洗、磷化液除去钢材表面的氧化皮、铁锈的磷化作用,这两种不同的处理过程,合并一槽溶液内进行(5分)。

5. 答:油脂与碱类起化学反应而分解成能溶解于水的脂肪酸盐类,这种反应过程称为皂化反应(5分)。

6. 答:是植物性溶剂(4分),如松节油、松油、樟脑油等(1分)。

7. 答:电解质被电流分解的现象(5分)。

8. 答:远红外是一种电磁波,波长大于 2.5 μm(5分)。

9. 答:电渗为电泳的逆过程(1分),是在电场作用下将沉积在工件上的湿涂膜中的水分借助电场作用(2分),从涂膜内渗出而移向溶液中(1分),这种涂膜的脱水过程(1分)。

10. 答:金属进入电介质溶液中,会形成双电层使金属与溶液之间产生电位差,这种电位差称为电极电位(5分)。

11. 答:利用催化剂使湿涂膜的树脂聚合进行干燥和固化过程(5分)。

12. 答:在一道未干燥固化的涂膜上,涂覆下一道涂膜,并且最后一起干燥固化的涂装方法(5分)。

13. 答:气温降低到露点以下,水蒸气凝结成露,在这种情况下所产生的腐蚀(5分)。

14. 答:超出正常的响声,使人烦躁(5分)。

15. 答:漆膜表面形成一种白色乳状凝聚层(5分)。

16. 答:涂装温度、湿度、采光、空气清洁度、防火、防爆等环境的总称(5分)。

17. 答:涂膜尤其是白色涂膜或清漆涂膜在老化过程中颜色变黄的现象(5分)。

18. 答:一般由潮气、起霜所致漆膜发白或失去光泽(5分)。

19. 答:模拟并强化自然户外气候对试件的破坏作用的一种实验室试验,又叫人工老化试验,即试件暴露于人工产生的自然气候成分进行的实验室试验(5分)。

20. 答:做工的技术水平称为工艺,参与产品人员须遵守的原则统称工艺守则(5分)。

21. 答:酸的通性主要有以下五点:(1)酸能跟碱等指示剂起反应(1分);(2)酸能跟活泼金属起反应,生成盐和氢气(1分);(3)酸能跟某些金属氧化物反应,生成盐和水(1分);(4)酸跟某些盐反应,生成另一种酸和另一种盐(1分);(5)酸能跟碱发生中和反应,生成盐和水(1分)。

22. 答:碳酸钠(Na_2CO_3)俗名纯碱或苏打(1分),碳酸氢钠($NaHCO_3$)俗名小苏打

(1分),它们在化学性质上有很多相同之处。它们的不同点是:碳酸钠很稳定,受热没有变化(1分);碳酸氢钠不很稳定,受热容易分解,放出 CO_2(1分)。其化学反应方程式为:

$$2NaHCO_3 = Na_2CO_3 + H_2O + CO_2 (1分)$$

23. 答:从化学反应方程式 $CuO + H_2 = Cu + H_2O$(3分)可见,在此反应中 Cu 的化合价降低被还原,得到电子,作为氧化剂(1分);H 元素化合价升高,失去电子,被氧化作为还原剂(1分)。

24. 答:苯的化学式为 C_6H_6(1分)。苯环上碳与碳间的键是一种介于单键和双键之间的独特的键。因此苯的结构式表示为 ⌬。苯的化学反应有如下几类:(1)取代反应:可以与卤素发生取代反应,还能与硝酸、硫酸发生化学反应(1分);(2)加成反应:在一定温度和催化剂条件下,苯与氢发生加成反应(1分);(3)苯与氧发生化学反应:苯在空气里燃烧生成二氧化碳和水(1分)。

25. 答:丙三醇俗称甘油(2分)。它的用途广泛,大量用来制造硝化甘油,还能用来制造油墨、印泥、日用化工产品如牙膏、香脂等,也用于加工皮革、汽车防冻液、润滑剂等(3分)。

26. 答:铝是一种比较活泼的金属(1分),纯铝在常温下的干燥空气中比较稳定,这是因为铝在空气中与氧发生作用,在铝表面生成一层薄而致密的氧化膜,其厚度为 $0.01 \sim 0.015\ \mu m$,起到了保护作用(1分)。若在铝中加入 Mg、Cu、Zn 等元素制成铝合金后,虽然机械强度提高了,但耐蚀性能却下降了(1分)。这时可根据铝合金的使用环境要求,经过表面预处理(因为铝及其合金表面光滑,涂膜附着不牢,经过化学转化膜处理后,可以提高表面与涂层间的结合力)再涂装所需要的涂料即可予以保护(2分)。

27. 答:木制品的表面预处理方法常用的有以下几种:干燥、去毛刺、去松脂、去污物、漂白。其中,干燥包括自然干燥或在低温烘房、火炕中加热干燥;去毛刺包括砂磨法、火燎法;去松脂常用碱洗法和溶剂洗法;去污物可以采用砂磨法、溶剂清洗法、擦净法等;漂白常用氧化分解漂白、气体漂白、脱脂漂白、草酸漂白。(每答出一种并解释得 1 分,每种方法只有名词无解释得 0.5 分,共 5 分)

28. 答:由于大多数塑料的极性小,结晶度大、表面张力低、润湿性差、表面光滑,所以对涂膜的附着力小(1分)。表面处理的目的就是通过一系列物理的或化学的方法,提高涂料对塑料表面的附着力(3分),以减少塑料涂膜上的各种缺陷(1分)。

29. 答:塑料制品涂装前化学处理,就是通过适当的化学物质(2分),例如酸碱、氧化剂、溶剂、聚合物单体等对塑料表面进行处理,使其氧化产生活性基团(1分),或有选择性地除去表面低分子成分、非晶态成分,使塑料表面粗化、多孔,以增加涂料在塑料表面上的附着力(2分)。

30. 答:锌及其合金在正常的条件下不易被腐蚀(1分),但若有酸、碱或电解盐的存在下则很快被腐蚀(1分)。这是因为锌及其合金表面平滑,涂膜不易附着。经过表面处理后可使锌及其合金表面粗糙(1分),并形成一层能防止锌及其合金与涂料反应的保护膜,可使涂膜与锌及其合金表面结合牢固,从而提高锌及其合金的耐腐蚀性(2分)。

31. 答:由胺或酰胺与醛缩聚,并经过醇类醚化制得的一类合成树脂(5分)。

32. 答:优点有:涂膜干燥快,施工后 10 min 即可干燥(1分);坚硬耐磨,干后有足够的机械强度和耐久性,可以打蜡上光,便于修整,光泽好(1分)。缺点有:固体分含量低,干燥后涂膜薄,需要多道涂装,一般需要 3～5 道,高档产品要求更多道数涂装(1 分);施工时有大量溶剂挥发,对环境污染严重(1 分);涂膜易发白,在潮湿条件下施工尤其明显(1 分)。

33. 答:丙烯酸树脂涂料具有突出的优良的附着力、耐候性、保光保色性,涂膜色彩鲜艳、丰满、耐久、耐汽油、抗腐蚀性,具有"三防"性能,能自干或烘干。有溶剂型液态、固态粉末(热塑型和热固型)等配套品种。(不少于 5 点即得 5 分,少于 5 点的,答出 1 点得 1 分)

34. 答:环氧树脂涂料最突出的性能是附着力强,耐化学腐蚀性好,并具有较好的涂膜保色性、热稳定性和绝缘性(答出 3 点即可,答出 1 点得 1 分,优点 3 分)。但户外耐候性差,涂膜易粉化,失光,丰满度不好,故不宜作为高质量的户外用漆和高装饰用漆(答出 2 点即可,答出 1 点得 1 分,缺点 2 分)。

35. 答:树脂的特性有以下几点:(1)多数树脂不溶于水,可溶于有机溶剂(1 分),例如醇、酯、酮等;(2)一般树脂都是高分子化合物,高聚物相对分子质量大,不易挥发,不能蒸馏(1 分);(3)树脂具有高分子小链的柔韧性和良好的机械强度,并具有弹性(1 分);(4)树脂分子中的原子彼此以共价键结合,不产生电离,因此具有良好的绝缘性能(1 分);(5)树脂为不完全结晶,其结晶度(结晶区域所占的体积分数)越大,机械强度及熔点越高,溶解与溶胀的趋势越小(1 分)。

36. 答:物品除污除了机械作用外,同时还有表面活性剂的润湿、乳化、增溶和分散等多种复杂的综合作用,当将被污染的物品浸在含有表面活性剂的洗涤液中时,由于表面活性剂具有双亲基团的作用(答出双亲基团/双性基团/亲水亲油基团均可得 3 分),即吸附在油污和水的界面上(1 分),这样就减弱了污垢在物品上的附着力,再加上机械搅拌的作用,污垢就能从物品上脱落,同时由于表面活性剂具有乳化、润湿、增溶、分散等作用,从而使油污不再附着在物品上而除去(1 分)。

37. 答:表面活性剂的用途有三个方面:第一,表面活性剂自身或与碱液混合作为涂装前表面脱脂(1 分);第二,在涂装前酸洗除锈液中添加少量的表面活性剂,可以缩短酸洗时间,提高酸洗质量(2 分);第三,表面活性剂可用于部分塑料件的涂装前表面处理,可以改善塑料表面的润湿性,从而提高塑料件涂膜的附着力(2 分)。

38. 答:由于产品涂装对涂料的性能要求不一样,被选用涂料的经济性也就不一样(1 分)。在选择涂料时,首先要根据产品涂装的质量要求(1 分),能用低档涂料的就不用高档涂料(1 分),能采用单一涂层或底层、面层的(1 分),就可以省去底层、中间涂层(1 分),它关系着产品涂装全过程的经济效益。

39. 答:各种波长不同的色光照射在物体上,物体反射出来的色光的波长也不相同,人眼所见的颜色是一定波长范围内的色光所能呈现的颜色(2 分)。例如用两种不同颜色的光,将它们照射在同一点上,则反射回来的色光刺激人们的眼睛,人们眼睛可见到的这种可见光的颜色比单一色的人眼可见光的色彩更明亮(2 分)。这种以颜色相加而能获取更多不同明亮的混合色彩的方法称为加色法配色(1 分)。

40. 答:在配色过程中,根据涂料与涂装的使用要求需加入催干剂、固化剂、防霉剂等辅助材料或添加定量清漆(1 分)。因为配色时使用原色涂料与颜料色浆使粘度增大,需加入稀释剂,使之互溶,但应注意加入配套品种,加入量应以少为佳(答出"以少为佳"即得 2 分)。催干剂、固化剂等要按适宜比例加入(2 分)。

41. 答:溶剂的选用原则有如下几点:(1)极性相近的原则,即极性相近的物质可以互溶

(2分)。例如,无极性的非晶态的天然橡胶和丁苯橡胶能溶于苯、甲苯、环己烷、石油醚等非极性溶剂中。聚甲基丙烯酸甲酯能溶于丙酮而不能溶于苯。(2)溶剂化原则,溶剂化系指高分子链段和溶剂分子间的作用力,它能使溶剂将高分子链段分开,从而使高聚物溶解(2分)。(3)结构相似的原则,即根据被溶漆基的结构选择含有相似基团结构的溶剂(1分)。

42. 答:混合溶剂的优点有以下几点:(1)能取长补短,弥补一种溶剂单独使用时的不足(1分);(2)能提高多种树脂配合时的互溶性和涂料储存时的稳定性(2分);(3)能提高溶解能力并获得均一的挥发速度(1分);(4)能降低溶剂的价格,节省价格较贵的真溶剂(1分)。

43. 答:静电喷涂的主要设备有高压静电发生器、静电喷枪、供漆系统、传递装置、静电喷漆室、烘干炉等(答够5项即得5分,少于5项的,每答1项得1分)。

44. 答:手提式静电喷枪的结构由枪体(1分)、高压放电针(1分)、喷嘴(1分)、电极扳机、高压电缆、接头等组成(1分)。手提式静电喷枪的类型有外接高压静电发生器的普通静电喷枪和高压静电发生器安装在枪体内的静电喷枪(1分)。

45. 答:粉末喷涂的优点有如下几点:(1)无溶剂,固体分为100%,可减少环境污染,改善了施工条件(1分);(2)一次喷涂涂膜厚度可达 $50\sim300\ \mu m$,可简化施工工艺,缩短生产周期,降低生产成本,提高工作效率,保证涂层质量,可避免厚涂层易出现流挂、堆积、气孔等缺陷的产生(2分);(3)涂料损失少,固体粉末回收率可达90%以上(2分)。

46. 答:粉末回收装置的结构形式有:振荡布袋式粉末二级回收装置、旋风式布袋粉末回收装置、脉冲袋式滤布粉末回收装置、双旋风布袋二级回收装置、静电式粉末回收装置、袋式滤布粉末过滤循环回收装置。(答够5项即得5分,少于5项的,每答1项得1分)

47. 答:电泳涂装设备主要由电泳槽、搅拌装置、涂料过滤装置、温度调节装置、涂料补加装置、直流电源、电泳后冲洗系统、超滤装置和备用槽等组成。(答够5项即得5分,少于5项的,每答1项得1分)

48. 答:涂料的干燥方式有:自然干燥(1.5分)、加速干燥(1.5分)、烘烤干燥(1分)及照射固化(1分)四种方法。

49. 答:烘干室的热传递有以下四种传递形式:(1)吸风口—燃烧室—过滤器—风机—送风口(1.5分);(2)吸风口—过滤器—燃烧室—风机—送风口(1.5分);(3)吸风口—风机—加热器—过滤器—送风口(1分);(4)吸风口—风机—过滤器—加热器—送风口(1分)。

50. 答:开桶后涂料呈上、下分层的明显沉淀状态。产生原因:涂料组分中有的颜料密度过大,储存过期,包装桶破损等(2分)。防治方法:若为不过期的涂料,应加入足够量的配套溶剂进行充分搅拌和过滤,调制涂料时再进行充分搅拌均匀,稀释剂不可加入太多(2分)。若为储存保管过期产生沉淀,经化验,是否符合出厂质量标准后决定使用或予以报废(1分)。

51. 答:油漆及溶剂易引起燃烧的原因是由于油漆及溶剂中含有低燃点的有机物,其性质属于易燃、易爆(5分)。

52. 答:含有乙烯单体聚合或共聚制得一类热塑性合成树脂(5分)。

53. 答:聚酯树脂漆有饱和聚酯漆和不饱和聚酯漆两种类型。有液态的聚酯漆和聚酯粉末涂料(5分)。

54. 答:按油漆溶剂组成和来源不同可分为以下几类:萜烯溶剂类、石油溶剂类、煤焦油溶剂类、酯类、氯化物、硝基化合物、醚和酮类等。(答够5类即得5分,少于5类的,每答1类得1分)

55. 答:环氧树脂油漆形成漆膜后,涂膜坚硬耐磨、机械性能高、柔韧性好、能耐水抗热,并且有良好的附着力、极强的绝缘性、抗潮性。所以,它是一类最好的防腐油漆。(答够 5 点优点即得 5 分,少于 5 点的,每答 1 点得 1 分)

56. 答:油漆施工方法有下列几种:(1)涂刷法;(2)喷涂法;(3)浸漆法;(4)辊漆法;(5)电泳法;(6)静电喷涂法(静电粉末喷涂法)等。(答够 5 点即得 5 分,少于 5 点的,每答 1 点得 1 分)

57. 答:空气喷涂法适用于各种不同的材质、形态大小的产品涂装(2分),能满足各种涂层的要求(2分),适宜大、中、小批量涂装的生产(1分)。

58. 答:电泳涂装的化学过程包括电泳、电沉积、电渗、电解四个反应过程。(答够 4 点即得 5 分,少于 4 点的,每答 1 点得 1 分)

59. 答:由各种丙烯酸酯和甲基丙烯酸(酯)单体聚合,共聚制得的一类合成树脂(5分)。

60. 答:静电喷涂雾化通常有空气式雾化喷枪、旋杯式雾化喷枪两种方式(5分)。

61. 答:机械除锈方法有:喷砂(干砂和湿砂)、喷丸、抛丸等(3分)。干砂吸入式喷砂适用于小零件;压力式喷砂适用于大、中型零件;喷丸、抛丸适用于钢铁板材,型钢及中、大型零件(2分)。

62. 答:金属的腐蚀,由于受到介质的作用不同,而腐蚀又分为化学腐蚀和电化学腐蚀两种类型(5分)。

63. 答:沥青的防腐涂料色泽纯正,施工简便,干燥成膜后,有优良的耐酸、耐碱等化学性能,并有较高的防腐性、电绝缘性、耐油、耐水、耐久性都比一般涂料要好,漆膜表面丰满,还起到隔声、减震等作用。(答够 5 点即得 5 分,少于 5 点的,每答 1 点得 1 分)

64. 答:新造机车喷涂阻尼浆的部位有:(1)车体内部间隔内表面、车顶内表面、司机室、车架盖板表面(1分);(2)顶盖内表面(1分);(3)燃油箱膨胀水箱表面(1分);(4)柴油发电机下部油槽(1分);(5)车体其余各室,车架上盖板等(1分)。

65. 答:(1)装载过轻油(汽油、煤油)的罐车,一般没有油污要清洗,只要用机械鼓风 20~30 min,排除油气或直接酸洗除锈(3分);(2)装载过柴油、润滑油、变压器油等罐车的罐体,采用高压热水清洗数次除锈(2分)。

66. 答:主要标志有路徽、车种车号(包括型号和号码)、制造厂名及制造日期的标牌,定期修理日期及处所的标记,车辆的自重、载重、定员、全长、换长(容积)等标志,配属局、段的简称。(答够 5 点即得 5 分,少于 5 点的,每答 1 点得 1 分)

67. 答:甲醇化学分子式为 CH_3OH(2.5分);丙酮化学分子式为 CH_3COCH_3(2.5分)。

68. 答:(1)三酸分子式:硝酸 HNO_3;硫酸 H_2SO_4;盐酸 HCl(2分)。(2)三碱的分子式:氢氧化纳 $NaOH$;氢氧化钾 KOH;氢氧化钙 $Ca(OH)_2$(3分)。

69. 答:铁红粉:Fe_2O_3(2分);铬绿粉:Cr_2O_3(2分);钴蓝粉:$CoAl_3O_4$(1分)。

70. 答:中铬黄颜料的化学分子式为 $PbCrO_4$(5分)。

六、综 合 题

1. 答:涂装生产中的废水既有来自水溶性涂装处理中的水(2分),也有来自溶剂型涂料施工时排放的清洗水(2分)。例如在电泳涂装时,被涂物需要大量的水冲洗才能除掉附着在其上的沉渣、浮沫和电泳涂料,这些水需要不断地更新(2分)。有机溶剂型涂料在施工过程中,为了减少空气污染,而将废弃的涂料、施工时的漆雾和溶剂雾等夹带到水中成为有机物污染源(4分)。

2.答:涂装前表面除锈时常用到硫酸、硝酸和盐酸(3分),以它们为主配制成酸溶液(1分),再加入缓蚀剂或乳化剂等。在除锈或脱脂时(1分),还会产生大量的冲洗水也含有有毒物质(1分),pH值呈强酸性(2分),这些废水都将对水质和生物有极大危害(2分)。

3.答:在手工空气喷涂时,将有大量的过喷漆雾和大量的有机溶剂(2分),这些有机物中含有甲苯、二甲苯、酯、酮、醇类等混合溶剂及涂料颗粒,毒性很大(2分),当这些物质吸入人体内,将危害人的呼吸器官、神经系统和造血系统(2分);涂料中的金属干料、树脂、无机颜料等对人体也有严重的危害(2分)。此外,它们对大气、生物和环境也将带来严重的危害(2分)。

4.答:含铬废水是指含有重铬酸盐的废水(1分)。其治理方法主要是采用氧化—还原法中的加药治理方法(2分)。此方法是在含铬废水中加入亚硫酸盐、二氧化硫、亚硫酸钠作为氧化—还原剂(2分),使废水中的六价铬变为三价铬(2分),然后进一步通过曝光装置和氧化作用,使金属物质氧化成其他物质(2分)。也可采用离子交换法或电解法治理含铬废水(1分)。

5.答:天然大漆俗称国漆、大漆,是我国特产之一。从漆树采割下来的大漆为乳白色胶状液体(1分),接触空气后发生氧化作用白色逐渐转变为褐色、紫红色至深褐色。大漆主要化学成分是漆酚、漆酶、树胶质、油和水等(3分)。大漆能溶解于酒精、石油醚、三氯甲烷、甲醇、丙酮、四氯化碳、二甲苯、汽油等多种有机溶剂中(2分),但不溶于水(1分)。大漆中含有漆酚量在30%~70%之间,其含量越高漆质越好。大漆具有独特的优点是耐水、耐酸、耐溶剂、耐油、光泽都优于其他漆种(1分)。缺点是不耐碱及强氧化剂,漆膜干燥条件苛刻、时间长、毒性大,施工易引起部分人员的皮肤过敏性皮炎、奇痒,严重者发生红疹、红块、溃烂等皮肤病(1分)。大漆干燥使用温度为150℃左右,稀释剂有汽油、松节油、二甲苯、苯等,其中汽油为常用,用量一般为大漆量的30%左右(1分)。

6.答:聚氨酯油漆基本成分为异氰酸酯(1分)。异氰酸酯常分为两类:(1)芳香族异氰酸酯(1分),如甲苯二异氰酸酯(简称TDI)、二苯基甲烷二异氰酸酯(MDI)、多苯基甲烷多异氰酸酯(PAPI)等;(2)脂肪酸族异氰酯(1分),如六亚甲基二异氰酸酯(HDI)、二聚酸二异氰酸酯(DDI)、环己烷二异氰酸酯等。聚氨酯油漆根据成膜物聚氨酯的化学组成及固化机理不同(2分)而分为五大类:(1)聚氨酯改性油漆(单组分)(1分);(2)湿固化型聚氨酯油漆(单组分)(1分);(3)封闭型聚氨酯油漆(单组分)(1分);(4)羟基固化型聚氨酯油漆(双组分)(1分);(5)催化固化型聚氨酯油漆(双组分)(1分)。

7.答:(1)简明易懂、避免重复、形式内容按实际需要确定(2分);(2)要考虑品种的特征、油漆性质、价格成本和厂、段修的具体条件(1分);(3)必须保证涂装质量、油漆品种、颜色标准、使用年限,要达到厂、段修规定标准要求(1分);(4)必须认真总结个人长期生产实践、科技经验和革新成果(1分);(5)工艺文件编制人签字,车间或技术室主任批准执行,重大关键工序和属于较大项目须经总工程师批准执行(2分);(6)文件中应编制出检查范围和质量标准(2分);(7)工艺文件的修改,必须按原工艺审批手续办理,作废时使用单位提出报告(1分)。

8.答:失光原因:(1)工作物表面粗糙,或表面处理不干净(2分);(2)天气冷、气温低、干燥慢(2分);(3)稀释剂加入过多,冲淡光泽度(2分)。处理办法:(1)加强工作物表面处理(1分);(2)提高施工场地温度,适当加入催干剂(1分);(3)保持油漆粘度(涂-4粘度杯涂刷粘度30~35 s,喷涂粘度25 s左右,室温25℃,湿度(65±5)%)(2分)。

9. 答:流挂的产生原因有如下几点:(1)所用溶剂挥发过慢或与涂料不配套、涂膜过厚、喷涂操作不当、喷枪用力过大;(2)喷涂距离过近,角度不当;(3)涂料粘度过低;(4)涂料中含有密度较大的颜料;(5)在光滑的涂层上涂布新涂料,也容易产生流挂;(6)施工环境温度过低,或周围空气或蒸汽含量过高。(答出 5 点原因即得 5 分,不足 5 点的,答出 1 点得 1 分)

防治方法:(1)正确使用溶剂,注意溶剂的溶解能力和挥发速度;(2)提高喷涂操作的熟练程度,喷涂应均匀,涂层一次不宜过厚,一般以 $20\sim25$ μm 为宜,可采用"湿碰湿"工艺;(3)严格控制涂料的施工粘度和环境温度;(4)加强换气,环境温度应保持在 $15℃$ 以上;(5)调整涂料配方,添加阻流剂或选用触变性涂料;(6)在旧涂层上涂装新漆时需经打磨。(答出 5 点方法即得 5 分,不足 5 点的,答出 1 点得 1 分)

10. 答:各色氨基烘漆施工工艺过程为三个阶段(1分):(1)底面处理:除锈呈银白色金属表面,涂刮腻子使表面平整光洁,放至 $100℃\sim120℃$ 烤箱内烘烤 1 h 后,打磨修补(3分);(2)施工准备:测定油漆粘度,喷枪装置与试喷(一般粘度为涂-4 杯 $30\sim40$ s,室温 $25℃$ 左右)(3分);(3)烘烤施工:喷涂油漆后,正常温度下静置 15 min,放入 $60℃$ 烘箱内 30 min,升温到 $100℃\sim120℃$,保持 $1\sim1.5$ h,取出自干 $10\sim20$ min 检查质量(3分)。

11. 答:电泳颗粒是在电泳涂膜烘干后的表面上存在的肉眼可见的较硬颗粒的现象(5分)。防治方法:(1)加强电泳槽液的循环和过滤(1分);(2)提高电泳后冲洗水的清洁度,尽量降低电泳后冲洗水中的固体分含量(1分);(3)保持烘干室密封良好,确保清洁无尘(1分);(4)保持涂装环境清洁,防止工序间工件受到污染(1分);(5)加强涂装前预处理,将工件表面的焊渣、颗粒、磷化渣等彻底清理干净(1分)。

12. 答:油脂漆主要有清油、厚漆、油性调和漆和油性防锈漆四大类(2分)。清油可单独用于物体表面涂覆,作为防水、防腐和防锈之用,也可用于调制厚漆和红丹防锈漆(2分)。厚漆一般用于要求不高的建筑物或水管接头处的涂覆,也可作为木质物件打底之用(2分)。油性调和漆,则用于室内外一般金属、木质物件以及建筑物表面的保护和装饰(2分)。油性防锈漆有红丹、硼砂、锌灰、铁红等不同的防锈颜料漆之分,主要用于不同的钢铁表面作防锈打底之用(2分)。

13. 答:大白粉(又叫老粉):$CaCO_3$(2分);云母粉:$K_2O \cdot 3Al_2O_3 \cdot 6SiO_2 \cdot 2H_2O$(2分);石棉粉:$CaOMgSiO_2$(2分);滑石粉:$4MgO \cdot 4SiO_2 \cdot H_2O$(2分);石膏粉:$CaSO_4$(2分)。

14. 答:优点是:用漆量少(2分),能得到比较厚而且均匀的涂膜(2分),适用于不能浸涂的中空容器等或形状复杂的浸涂容易产气泡的被涂物的涂装(2分),既适用于大型物件涂装(2分),又适用于小型物件的涂装(2分)。

15. 答:可以采用较高粒度的涂料(2分),涂膜较厚,节省稀释剂(2分),涂膜质量较好(2分),有利于自动化流水线生产,生产效率高,可减轻劳动强度(2分)。特别适用于大批量、大面积平板件的涂装(2分)。

16. 答:有腻子刀(又称铲刀)(2分)、牛角刮刀(又称牛角翘)(1分)、钢板刮刀(2分)、橡胶刮板(又称胶皮刮刀)(1分)、硬塑刮板(1分)、嵌刀(1分)、腻子盘(1分)、托腻子板(1分)等。

17. 答:优点是:涂料从涂料罐中能完全流出(2分),涂料喷出量要比吸上式喷枪大(2分)。缺点是:加满涂料后喷枪的重心在上,故手感较重(2分),喷枪有翻转趋势(1分)。这种喷枪所需的压缩空气的压力较低,适用于小面积的精细操作(3分)。

18. 答:一般空气喷涂时的枪件距离应控制在 $180\sim300$ mm(2分),手工喷涂时,枪件间距离的合理控制与操作者个人操作技术水平、熟练程度等有很大关系(2分)。枪件间距离过远,涂膜表面薄膜不均匀、粗糙,甚至出现漏涂(3分);枪件间距离过近,容易产生流挂、易起皱、厚度不均匀等(3分)。

19. 答:适用于喷涂以下高固体分(1分)涂料:环氧树脂类(1分)、硝基类(1分)、醇酸树脂类(1分)、过氯乙烯树脂类(1分)、氨基醇酸树脂类(1分)、环氧沥青类(1分)、乳胶涂料合成树脂漆(1分)、热塑性(1分)和热固性丙烯酸树脂类(1分)等涂料。

20. 答:涂装效率可为普通空气喷涂的3倍以上(1分),涂料和溶剂可节省5%～25%(质量分数)(1分)、涂着效率达70%(1分)、涂膜附着力好(1分),喷涂时的漆雾少(2分),适用于涂料粘度大(2分)、固体分含量高(2分)的涂料施工。

21. 答:高压空气喷枪由枪身、喷嘴、连接部件所组成(3分)。它不需要使用压缩空气作动力(1分),而是将涂料加压到一定的压力(1分),直接通过喷枪将涂料雾化喷涂到被涂物的表面上(1分)。对于高压空气喷枪,要求其密封性好,不泄漏涂料(1分),要求喷枪能耐一定压力(1分),一般是用钢材或铝合金制成(1分),喷枪应轻巧、灵活、操作方便(1分)。

22. 答:涂装过程中常见的涂膜缺陷有:流挂、颗粒、露底、盖底不良、起皱、咬底、起泡、白化、发白、发花、浮色、渗色、变色、失光、发汗、过烘干、烘干不良、未干透、针孔、缩孔、抽缩、陷穴、凹坑、桔皮、拉丝、打磨缺陷、刷痕、辊筒痕、丰满度不良、缩边、漆雾、吸收、掉色、遮盖、接触痕迹、腻子残痕、色差等。(答够10点即得10分,不足10点的,每答1点得1分)

23. 答:使用过程中产生的涂膜损坏类型有:起泡、粘污、斑点、剥落、裂纹、粉化、生锈、回粘、褪色、返铜光、变色、溶解、划伤、雨水痕迹等。(答够10点即得10分,不足10点得1分)

24. 答:电泳涂装过程中产生的涂膜缺陷有:颗粒、针孔、缩孔、涂膜过厚、涂膜过薄、涂层再溶解、涂膜粗糙、变色、泳透力低、桔皮、附着异常、水迹等。(答够10点即得10分,不足10点的,每答1点得1分)

25. 答:提高喷涂操作的熟练程度(2分),喷涂应均匀(2分),一次不宜喷涂过厚,一般应控制在20 μm左右为宜(2分)。如果需要一次喷涂30～40 μm厚的涂膜,则应采用湿碰湿工艺(适用于热固性涂料)(2分)或选用高固体分涂料以及超高速悬杯式静电喷涂机等新材料和新装备(2分)。

26. 答:涂膜颗粒缺陷有如下几种:由混入涂料中的异物(2分)或涂料变质而引起的涂膜颗粒(2分);由金属闪光涂料中的铝粉在涂膜表面造成的金属颗粒(3分);在涂装时或刚涂装完的湿涂膜表面上附着的灰尘或异物的颗粒(3分)。

27. 答:防止涂膜起皱有以下几种方法:(1)在底层干透后再涂面层,按工艺规定调制涂料的施工粘度,控制好涂膜厚度不应超过规定值(3分);(2)严格执行晾干和烘干的工艺规范,不得任意改变涂装工艺规定的烘干时间和烘干温度,采用合理的对流循环的干燥方式(4分);(3)涂装前在涂料中加入一定比例的相适应的催干剂或少量硅油等,并适当的采用防皱剂(3分)。

28. 答:涂膜发花的产生原因有如下几条:(1)涂料中的颜料分散得不均匀或两种以上色漆混合时搅拌不充分,混合得不均匀(4分);(2)所用溶剂的溶剂力不足或涂料粘度不当(3分);(3)涂膜过厚,使得涂膜中的颜料产生里表对流(3分)。

29. 答:防止涂膜产生缩孔有如下几种方法:(1)要选用流平性好、释放性好、对缩孔敏感性小的涂料(3分);(2)涂装所用的各种设备和工具,绝对不能带有对涂料有害的异物,特别是硅油(2分);(3)确保涂装环境清洁,空气中应不含灰尘、漆雾、油雾等,并应确保压缩空气清洁、无油、无水(3分);(4)在擦净后的被涂物表面上,严禁裸手、脏手套、脏擦布接触,以防污染(2分)。

30. 答:涂膜产生粉化的原因有如下几条:(1)在大气腐蚀、阳光暴晒的情况下,涂膜发生老化,使树脂被破坏,颜料露出造成粉化(3分);(2)所用涂料的耐候性差,造成粉化(2分)。防治方法:(1)加强涂膜的维护保养,若涂膜破坏严重,应及时进行新的涂漆(2分);(2)选择耐候性、保光性好的涂料,切勿将室内用的涂料用于户外涂装(3分)。

31. 解:已知白色醇酸磁漆与绿色醇酸磁漆比例为 4:2(1分),

$6.5 \text{ kg}/(4+2)=6.5 \text{ kg} \div 6 \approx 1.1 \text{ kg}$(3分)

$1.1 \times 4=4.4 \text{ kg}$(白色磁漆)(2分)

$1.1 \times 2=2.2 \text{ kg}$(绿色磁漆)(2分)

答:需要白色醇酸磁漆 4.4 kg(1分),绿色醇酸磁漆 2.2 kg(1分)。

32. 解:已知每千克绿色醇酸磁漆能涂刷 25 m^2(2分)

按计算公式:

实际计算油漆量=需要涂刷面积/每千克涂刷的面积(4分)

　　　　　　$=150 \text{ m}^2/25 \text{ m}^2=6 \text{ kg}$(3分)

答:需要绿色醇酸磁漆 6 kg(1分)。

33. 解:已知磁化铁酚醛防锈底漆每千克能涂 20 m^2(2分)

按计算公式:

实际计算油漆量=需要涂刷面积/每千克能涂刷面积(4分)

　　　　　　$=150 \text{ m}^2/20 \text{ m}^2=7.5 \text{ kg}$(3分)

答:需要磁化铁酚醛防锈底漆 7.5 kg(1分)。

34. 解:已知每千克醇酸清漆能涂刷 22 m^2(2分)

按计算公式:

实际计算油漆量=需要涂刷面积/每千克能涂刷面积(4分)

　　　　　　$=180 \text{ m}^2/22 \text{ m}^2=8.18 \text{ kg}$(3分)

答:需要醇酸清漆 8.18 kg(1分)。

35. 解:按计算公式:

漆膜厚度=(油漆实际消耗量×固体含量)/(油漆密度×涂刷面积$[\text{m}^2]$)(5分)

　　　　$=(300 \times 53.1\%)/(1.107 \times 3.045)=47.3 \text{ } \mu\text{m}$(4分)

答:漆膜厚度为 47.3 μm(1分)。

涂装工(高级工)习题

一、填空题

1. 我国涂料型号由三部分组成,第一部分是( ),用一个汉语拼音字母表示。

2. 涂料型号的第二部分是涂料的( ),用两位数字表示。

3. 涂料型号的第三部分是涂料产品的( ),用一位或两位数字表示。

4. 国产涂料按成膜物质分类,可分为( )大类。

5. 国产涂料分类中有一类严格说来并非涂料,而是涂料组成中的辅助成膜物质,称为( )类。

6. 我国规定涂料分类是以涂料基料中( )为基础。

7. 防止金属腐蚀的方法有多种,其中应用最广、最为经济而有效的是( )的方法。

8. 金属腐蚀的种类很多,根据腐蚀过程中的特点,一般可分为( )和电化学腐蚀两大类。

9. 涂料是指涂覆于物体表面,经过( )变化或化学反应,形成坚韧而有弹性的保护膜的物料的总称。

10. 粉末静电喷涂主要设备是高压静电发生器、( )、固化炉等。

11. 三原色红、黄、蓝能调出橙、( )、绿三种基本复色。

12. 木制设备涂装油漆的目的主要是( ),增加美观,从而更充分发挥木材的作用。

13. 银珠颜料的化学分子式是( );钴蓝颜料的化学分子式是 $CoAl_2O_3$。

14. 绝缘漆必须具备( ),良好的耐热性以及耐摩擦、振动、膨胀、收缩等机械性能。

15. 美术漆包括( )、晶纹漆、锤纹漆、裂纹漆、结晶漆等品种。

16. 油漆膜的保护机理是屏蔽作用、( )、电化学作用。

17. 天气温度变化对漆膜破坏性非常大,如湿度大,阴雨天使漆膜( ),导致漆膜破坏,温度高及辐射线强使漆膜易老化破坏。

18. 就现在来说,水性涂料可分为( )、自干水性漆、烘干型水性漆、电泳水性漆和自泳水性漆等几大类。

19. 油漆附着力测定方法有( )、划圈法、拉拔、划 X 等。

20. 色彩分为( )和无色彩两大类。

21. 车辆车体本身是由底架、( )、端墙、车顶组成的。

22. 着色颜料按其化学成分可分为无机颜料和( )。

23. 油漆成膜后泛白原因和性质可分为( )、纤维泛白、树脂泛白等三种。

24. 常用的黄色颜料有铅铬黄、( )、铁黄等三种。

25. 测定油漆干燥时间方法有( )、滤纸法。

26. 铁标中要求:车体外部面漆厚度应不小于 $60~\mu m$,车体内部及车内零部件面漆厚度应不小于（　　　）。

27. 粉末涂装两个要点：如何使粉末（　　　）在被涂物表面和如何使它成膜。

28. 波长在（　　　）区间内的色光波呈现出的是红色。

29. 常用的蓝色颜料有（　　　）、群青、酞菁蓝三种。

30. 油漆加热干燥，干燥温度分为低温（　　　）℃以下、中温 100℃～150℃、高温 150℃以上三个阶段。

31. 热喷涂的优点是减少稀释剂的用量，不挥发成分含量高，（　　　），不受气候的影响，漆膜丰满。

32. 绝缘漆分为漆包线漆、浸渍漆、（　　　）、胶粘漆等四种。

33. 煤焦溶剂品种有（　　　）、甲苯、二甲苯、轻溶剂油、重质苯。

34. 人眼可见光波是（　　　）至 400 nm 之间。

35. 中铬黄的化学分子式是（　　　）；石膏粉的化学分子式 $CaSO_4$。

36. 电泳涂漆的过程有（　　　）、电泳、电沉积、电渗。

37. 常用字体基本型式有（　　　）、老仿宋体、黑字体、仿宋体四种。

38. 用途最广泛的表面活性剂是（　　　），也是水基金属清洗剂的主料。

39. 前处理废水中有害物质是（　　　）、碱、金属盐和重金属离子等物质。

40. 油漆库内温度宜在（　　　），静电粉末喷涂室是属于 1～2 级爆炸危险场所。

41. 油漆干燥过程分为（　　　）、实际干燥、安全干燥三个阶段。

42. 油漆粘度的检测方法很多，以适应不同类型的流体，其检测方法主要有（　　　）、落球法、起泡法、固定剪切速率测定法。

43. 美术漆最突出的是（　　　）；油漆的配套基本原则是同类型而不同产品。

44. 磷化膜厚度与磷化液的（　　　）和工艺要求有很大的关系。

45. 立德粉的化学分子式是（　　　）＋$BaSO_4$。

46. 油漆溶剂的沸点分为（　　　）、中沸点、高沸点三种。

47. 催干剂质量应控制（　　　）、含水量、纯度、催干能力和溶解力。

48. 淋涂法分为（　　　）和低压法。

49. 油漆写字掌握（　　　）、统一字体、字体匀称、字体部位安排四个方面。

50. 测定漆膜硬度的方法常用的有三类，即摆杆阻尼硬度法、划痕硬度法和（　　　）硬度法。

51. 在工业生产中已形成的法定色是（　　　）、橙、黄、青、白和黑。

52. 根据国家标准规定，涂膜标准试验样板可以用厚度为（　　　）mm 的马口铁板制作（或用涂装产品的材质制作）。

53. 磷化膜除了单独用作金属的防腐覆盖层以外，还常作为涂料的（　　　），以提高涂层的使用寿命。

54. 钝化处理是指通过成膜、沉淀或局部吸附作用，使金属表面的局部活性点失去化学活性而呈现（　　　）的处理过程。

55. 影响电泳涂装的工艺参数有电压、槽液的（　　　）和 pH 值、电泳时间、温度、颜基比、电导率、泳透力二极间距和极比等。

56. 在粉末静电喷涂过程中，有时会出现喷枪与工件太靠近而产生打火现象，因此，通常选择枪件之距离范围应不小于（　　）mm。

57．粉末静电喷涂时，在深腔、尖边棱角处的喷涂，因静电屏蔽而影响上粉量，易形成薄层或漏涂，为此须进行手工喷粉或自动喷粉后的补喷，补喷时宜采用（　　）的方法。

58．远红外加热的原理是（　　）。

59．高压无气喷涂法是利用（　　）或电能为动力，驱动高压泵工作，将涂料从涂料桶中吸出增压，通过高压喷枪的特殊喷嘴喷出。

60．光固化类涂料中必须加入（　　）材料。

61．静电喷涂时，如高压静电的电压超过30 V，并且是持续放电，此时，高压静电场内的电子运动能量增强，会撞击其他中性分子时，使其电子产生如雪崩现象的连续反应而被电离，气体出现导电性，伴有辉光，又称（　　）。

62．电化学脱脂有（　　）、阳极脱脂和联合脱脂三种方法。

63．电子束辐射干燥类涂料须含有（　　）引发剂。

64．把塑料加热到稍低于（　　）温度，并保持一定时间，以缓解成形时产生的内应力，从而可防止龟裂，这种处理被称为退火处理。

65．经涂装后的机床宜采用（　　）塑料罩包装，在塑料罩和涂料表面之间应用一层中性纸加以隔开。

66．真空浸涂法需有（　　）个浸漆槽。

67．高压水除锈设备是利用（　　）射流的冲击作用进行除锈的。

68．高压水砂除锈装置是从（　　）中获得高速的水砂射流，并利用水和砂的冲击摩擦达到除锈目的。

69．某些塑料表面在涂装施工前，可先喷上一种具有强溶解性的溶剂来软化表面，以增强（　　）。

70．涂料从喷嘴喷淋至被涂物表面，涂料经自上而下的流淌将被涂物表面完全覆盖，滴去余漆形成漆膜，这种涂装方法叫作（　　）。

71．国内的电泳超滤技术，其关键在于（　　）的性能，与国外相比尚有差距。

72．空气雾化式电喷枪枪体用（　　）材料制成，在枪头前端设置有针状放电极。

73．电喷枪和（　　）发生器是静电涂装的关键设备。

74．热喷涂工艺需在输漆系统中增设（　　）。

75．涂膜愈厚，孔隙度愈（　　）。

76．热带气候的主要特点是高温、高湿，因此，所用涂料应具有（　　）的抗水性和低的膨胀性。

77．进行脉冲电沉积涂漆时，只要一台（　　）发生器作电源，其余设备与普通电沉积涂漆设备相同。

78．对静电喷涂用的溶剂，一般要求其沸点（　　）、导电性能好，不易燃烧等。

79．皱纹漆必须用（　　）喷涂，并且只需喷涂一遍就得烘干。

80．静电喷涂应选用易于（　　）的涂料。

81．选择涂料时，要熟悉和掌握不同类别品种涂料所具（　　）和用途。

82．中间层涂料又称为二道底层涂料，经选择使用的中间层涂料应具有良好的（　　）和较高的遮盖力。

83. 调配涂料前,除仔细核对涂料的( )、名称和型号及品种外,还要核对涂料的生产厂及生产批次和生产日期。

84. 调配涂料时,通常使用( )的铜丝网或不锈钢网筛筛选过滤。

85. 色带又称为( ),是色光的混合。

86. 白色、黑色和灰色及它们所有( )都被称为无色彩类。

87. 明度就是颜色的明亮程度,决定于( )的照射与物体反射光的强度。

88. 以颜色的色相、亮度、纯度用代表符号和数字组合成一个按顺序堆积的方格块体,称为( )。

89. 颜料是涂料中( )的来源,它既是涂料中的着色物质,又是次要的成膜物质。

90. 颜料能够赋予涂膜一定的( )和颜色,还能够增加涂料的防护性能。

91. 红、黄、蓝是基本色,用( )也不能调配出来,所以称为三原色。

92. ( )、绿色和橙色是三个间色。

93. 两个原色可配成一个间色,而另一个原色称为( ),它有调整色调的作用。

94. 两个间色相混调会成为一个( ),而与其对应的另一个间色,也称为补色。

95. 颜色的调配层次很重要。调色时,要先找出主色和依次相混调的颜色,最后才是补色和( )。

96. 涂料标准色卡或用户提出的色板是涂料配色的( ),并以此作为对比色之用。

97. 涂料配色的顺序,采取( )再按产品需要大量调配。

98. 涂料中常用的颜料有( )、防锈颜料和体质颜料三大类。

99. 钛白和( )色颜料按照一定比例混合,能调成奶油色。

100. ( )和柠黄色颜料按照一定比例混合,能配出苹果绿。

101. 热带机床灰是由铁白、软黑色、( )和铁蓝几种颜料调配而成的。

102. 用单色油基漆调配紫红色漆,需用( )油基漆、黑油基漆和少量中蓝油基漆。

103. 要使产品表面呈现出美丽的( ),需采用美术型涂料涂装。

104. ( )喷涂后会出现锤纹,主要靠组成涂膜中粘接成分的各种树脂、脱浮铝粉和挥发度适合的稀释剂。

105. ( )的涂层能形成犹如锤击金属表面后产生的花纹,其涂膜平滑,但观之却犹似凹凸不平。

106. 涂料的选择必须满足产品( )和对涂膜的质量要求。

107. 涂料的选用必须考虑涂料的附着力、遮盖力、( )、化学性能、力学性能及细度和粘度、固体含量等各项质量指标。

108. 复合涂层由底层、中间层(腻子或 2 道底层)和面层等组成,它们之间应具有良好的( )和整体配套性。

109. 涂料调配方法不当,将使干燥后的涂膜产生桔皮、起皱、颗粒、( )、流挂等多种外观质量病态。

110. 当光照在棱镜上产生的折射光碰到白色屏幕时,就会出现像彩虹一样美丽的( ),这种现象叫光的色散。

111. 色彩本身因( )的不同而产生的明暗叫作明度。

112. 电导率在 10^{-10} s/cm 以上的涂料是具有半导体至导体性能的涂料,一般称为( )

涂料。

113. 红、橙、黄、绿、青、蓝、紫色及其所有深浅不同的颜色,称为( )。

114. ( )才全部具有三属性,无色彩类只具有明亮度和纯度。

115. 孟塞尔色立体坐标图是用不同的字母和符号及阿拉伯数字,把颜料的( )、明度和纯度表示出来。

116. 两种原色以相同比例混合所得的色叫作( )。

117. 能使原色和( )的颜色变浅或加深的色叫作消色。

118. 白色被称为消色,这是因为它能使原色和复色的色相( ),而形成多种色相不同的浅色。

119. 黑色被称为消色,这是因为它能使原色和复色的色相( ),而形成多种明度及色相不同的颜色。

120. 色漆的遮盖力,是指色漆( )在物体表面上,把被涂饰物表面隐蔽的能力。

121. 颜料的遮盖力,是指色漆( )中的颜料能遮盖被涂的表面,使它不能透过涂膜而显露的能力。

122. 分散在色漆基料中的颜料的折光率和漆料的折光率( )时,颜料不起遮盖作用。

123. 颜色调配时,要先调配好( ),然后再调整明度和纯度,使调配颜色有秩序的进行。

124. 涂料产品检验取样时,应取重量各为( )kg 左右的两份样品,一份作为检验用,另一份作为留样备查用。

125. 用标准样板制备涂膜时,除( )法制备涂膜外,一般采用涂刷法或喷涂法。

126. 测试涂膜的性能必须严格掌握涂膜的( )和干燥条件,否则将得不到准确的测试结果。

127. 涂膜的干燥时间,按其干燥与固化的程度可分为( )和实干两种。

128. 颜料是一种细微粉末状的有( )的物质。

129. 涂膜遮盖力的大小,可以用( )表示法,其单位为 g/m³,也可以用湿涂层厚度表示法,单位为 μm。

130. 涂料的( )代表色漆与漆浆内颜料、填充料等颗粒的大小,单位为 μm。

131. 测定干燥涂膜厚度的测厚仪有( )测厚仪和非磁性测厚仪两种。

132. 国际上非常重视产品质量的标准化,( )就是国际上统一制定和监督产品质量的标准化组织,简称 ISO 机构。

133. 在涂料购进、涂装生产和涂膜形成后,这三个阶段都有必要进行涂料或涂膜的质量( )。

134. 所谓涂料的( )性,是指干燥后的涂膜,因受一定温度和湿度的影响而发生粘附的现象。

135. 测定涂膜的耐冲击强度,通常采用冲击试验仪,以一定重量的( )落在涂膜的金属表面上,而不引起涂膜破坏的最大重量和高度的乘积来表示。

136. 溶剂型涂料除( )方法污染较小外,所有喷涂方法产生的废气污染都十分严重。

137. 涂料中所有的有机溶剂均具易挥发和( )、易爆的特性,大多数溶剂还具有毒性,故必须注意安全生产。

138.（　　）涂装生产过程中,会产生大量冲洗废水,应认真加以治理。

139.用"三钠"即（　　）、碳酸钠和磷酸三钠配制的碱性脱脂剂,脱脂后的冲洗废水具有腐蚀性,必须经处理后排放。

140.在涂料施工场所,禁止使用可能产生电（　　）的电气器具。

141.涂料喷涂过程中治理废气,通常采用简便而有效的（　　）法。

142.溶剂的易燃程度与其（　　）有关,因此在涂料中常用闪点的高低确定其危险等级。

143.有机溶剂如甲苯、二甲苯等毒性大,吸入人体后,将危害人的（　　）器官、神经系统和造血系统。

144.涂装生产过程中的粉尘污染,随着固体（　　）涂料的日益广泛应用而变得严重。

145.含碱废水的治理除（　　）法外,还有一种处理质量较高的方法是化学凝聚法。

146.工业废水排放浓度规定中,对工业废水划分为两类。其中第（　　）类废水含有对人体健康将会产生长远影响的有害物质,故不得用稀释方法代替必要的废水处理。

147.涂料中各种溶剂大多有毒,其严重程度与溶剂（　　）及其浓度以及作用时间长短等因素有关。

148.电泳涂装时,其补加涂料应预先（　　）均匀。

149.湿涂膜剥落的根本原因是由于钢板与湿涂膜间形成（　　）层,使涂膜的附着力下降。

150.杂质离子的存在会使电泳涂装时耗电量（　　）。

151.含松香的树脂漆成膜后,再加涂大漆则会（　　）。

152.配色使用的有色彩原材料,称为（　　）。

153.金、银粉与清漆易发生（　　）作用,使涂料发生色彩变暗、变绿、失光。

154.涂膜会出现桔皮缺陷,可能是由于涂料在制造过程中加入的（　　）不对,产生了聚合。

155.色漆粘稠化的主要原因是由于所用（　　）与漆基起反应而引起的。

156.涂膜针孔可采用刮涂（　　）的办法补救。

157.金粉、银粉颜料与涂料中的（　　）、树脂中的游离酸发生作用而腐蚀,使颜料失去艳丽的色彩。

158.涂装四要素是指产品涂装前的（　　）、正确选用涂料、涂装方法和涂料的干燥。

159.磷化处理的目的是提高工件的防腐性能和增强涂料的（　　）。

160.喷漆环境对涂层质量有很大的影响。理想的喷漆环境应满足采光和照明、温度、（　　）、空气清洁度、通风以及防火防爆等要求。

161.涂层在烘干室内的整个固化过程中,工件涂层的温度随着时间变化,通常分为（　　）、保温和冷却三个阶段。

162.评估油漆外观性能的指标有（　　）与色差等。

163.空气喷涂和静电喷涂比较,静电喷涂的（　　）更高,过喷漆雾更少,减少喷涂时间。

164.烘烤过多会发生黄化,复合涂层附着力（　　）。

165.涂层（　　）,涂层受到冲击时,容易开裂。

166.脱脂质量的好坏主要取决于脱脂温度、脱脂时间、机械作用和（　　）四个因素。

167.目前使用的涂料仍然以（　　）涂料为主。

168. 涂装三废是指废水、（　　　）、废渣。

169. 粉末喷涂时的粉末粒子直径大小在（　　　）μm 内较好。

170. 低温烘干一般在（　　　）℃以下。

171. 涂装车间的空气压力对于外界环境应为（　　　）。

172. 进厂检验之所以重要，因为它是涂料入厂第（　　　）工序。

173. 涂膜的干燥与固化方法一般可以分为自然干燥、（　　　）和辐射固化三类。

174. 涂层固化温度在（　　　）以上称为高温固化。

175. 中间涂层，是指底漆和（　　　）之间的涂层。

176. 中间涂层的作用是保护底漆和腻子层，以免被面漆咬起，增加底涂层与面漆层之间的（　　　）。

177. 抛光上蜡的目的是为了增强最后一层涂膜的（　　　）和保护性。

178. 一道或多道涂层脱离其下涂层，或者涂层完全脱离底材的现象，称为（　　　）。

179. 酸比即总酸度与（　　　）的比值。

180. 固化是指由于热作用、（　　　）或光的作用产生的使涂膜缩合、聚合或自氧化过程。

181. 干燥是指涂膜从液态向（　　　）变化的过程。

182. 按被涂物的材质分，涂装类型可以有金属涂装和（　　　）。

183. 涂料干燥过程中，通常分为两个阶段：表面干燥过程和（　　　）过程。

184. 涂装的主要功能是：保护作用、（　　　）、特殊作用。

185. “目”是指每一平方（　　　）内的筛孔数。

186. 油漆粘度过大，流平性差，容易出现（　　　）。

187. 涂膜外观未达到预期光泽、无亮度、呈暗淡无光现象称为（　　　）。

188. 不可以为加快面漆的干燥速度增加（　　　）的添加比例。

189. 排除喷枪损坏和堵塞的因素，喷涂图形呈葫芦状的原因是流量小、（　　　）。

190. 喷涂底漆出现咬边缺陷，应采取（　　　）方法并配合红外灯烘干解决。

191. 涂-4 杯粘度计的容积是（　　　）mL。

192. 打磨的正确方法是（　　　）的方式，不能往复用力打磨局部小面积，否则会产生凹凸不平的磨痕。

二、单项选择题

1. 下列关于有机物的描述，正确的是（　　　）。
(A)在有机体内的化合物就是有机物
(B)在动物体内的化合物就是有机物
(C)有机物通常指含碳元素的化合物，或碳氢化合物及其衍生物的总称
(D)含钾、氢和氧的化合物就是有机物

2. 下列关于无机物的描述，正确的是（　　　）。
(A)不含钠、氢、氧的化合物是无机物　　　(B)苯是无机物
(C)乙醇是无机物　　　(D)不含碳元素的物质是无机物

3. 关于有机物和无机物，下列描述正确的是（　　　）。
(A)CO、CO_2 或碳酸盐类物质既不是有机物也不是无机物

(B)有机体内化合物是有机物

(C)有机物和有机化合物基本相同

(D)无机物和有机物有着不同的化学性质

4. 下列关于电解质的说法,错误的是(　　　)。

(A)食盐溶在水中时是电解质,固态时不是电解质

(B)有机物多数是非电解质

(C)电解质在电离时,可以离解成自由移动的离子

(D)电解质电离时,负离子的数量等于正离子的数量

5. 关于酸、碱、盐,下列说法正确的是(　　　)。

(A)酸、碱、盐类不都是电解质　　　　　(B)酸性物质能电离出大量 H^+

(C)盐类在电离时绝对没有 H^+ 和 OH^-　　(D)碱在电离时只有 OH^-,没有 H^+

6. 关于酸、碱、盐,下列说法错误的是(　　　)。

(A)Cl^-、NO_3^-、SO_4^{2-} 都是酸根离子

(B)H_2O 在电离时既有 H^+ 也有 OH^-,因此它既是酸又是碱

(C)碱在电离时,除了 OH^- 外还有金属离子

(D)盐溶液都能导电

7. 关于盐酸的物理化学性质,下列说法不正确的是(　　　)。

(A)盐酸是没有颜色的液体

(B)浓盐酸有白雾是因为浓盐酸中挥发出来的氯化氢气体与空气中水蒸气接触形成的

(C)盐酸跟很多金属单质反应会产生氢气

(D)浓盐酸中含有质量分数为 80% 以上的氯化氢

8. 下列关于硫酸的说法,表示其物理性质的是(　　　)。

(A)硫酸有很强的吸水性和脱水性

(B)浓硫酸、稀硫酸分别和铜发生化学反应,其反应产物不同

(C)浓硫酸很难挥发

(D)稀硫酸与金属单质反应也能放出氢气

9. 关于硝酸,下列说法表示浓硝酸的是(　　　)。

(A)硝酸与铜反应生成无色气体,在试管口变成红棕色

(B)铁、铝在硝酸中发生钝化现象

(C)浓盐酸能放出酸性白雾,硝酸也能

(D)硝酸能与有机物发生化学反应

10. 碱性物质不应具有(　　　)性质。

(A)氢氧化钠具有很强还原性　　　　　　(B)碱性物质均能与酸发生化学反应

(C)碱性物质和一些盐会发生化学反应　　(D)熟石灰具有吸收空气 CO_2 的作用

11. 下列关于酸的描述,其中有错误的是(　　　)。

(A)含氧酸与无氧酸酸性有区别　　　　　(B)酸都能与指示剂反应表示出酸的特性

(C)酸能跟很多金属反应生成盐和 H_2　　(D)酸能电离出 H^+

12. 下列关于酸、碱、盐的描述,其中正确的说法是(　　　)。

(A)酸、碱中和时放出 H_2　　　　　　　(B)盐都是自然界中酸碱中和的产物

(C)酸能与金属氧化物反应生成盐和水　　(D)碱能与金属氧化物反应生成盐和水

13. 下列关于酸、碱、盐的说法,不正确的是(　　)。

(A)酸溶液中没有 OH^-　　(B)酸溶液中有 H^+

(C)酸、碱能发生中和反应　　(D)H_2O 既不是酸也不是碱

14. 下列关于盐的说法,表述正确的是(　　)。

(A)因为 $Cu(OH)_2CO_3$ 中有(OH),因此它不是盐

(B)$NaCl$ 能够溶解,但不能熔化

(C)Na_2CO_3 可以由 $NaHCO_3$ 通过化学反应而制成

(D)$CuSO_4$ 为白色晶体

15. 分析下列关于氧化-还原反应的描述,其中正确的是(　　)。

(A)氧化-还原反应一定要有氧气参与

(B)没有氢气参与的反应不是氧化-还原反应

(C)O_2 与 H_2 反应生成水不是氧化-还原反应

(D)有元素化合价变化的反应是氧化-还原反应

16. 关于 $CuO+H_2=Cu+H_2O$ 的化学反应方程式的描述,不正确的是(　　)。

(A)H_2 在此反应中是还原剂　　(B)CuO 在此反应中是氧化剂

(C)氧元素在此反应中为氧化剂　　(D)铜元素在此反应中被还原

17. 下列氧化-还原反应的描述,正确的是(　　)。

(A)所含元素化合价降低的物质是还原剂

(B)所含元素化合价升高的物质是还原剂

(C)物质所含元素化合价降低的反应就是氧化反应

(D)物质所含元素化合价升高的反应就是还原反应

18. 对于 $2Na+Cl_2=2NaCl$ 的化学反应的分析错误的是(　　)。

(A)Na 原子失去电子,化合价升为+1　　(B)Na 原子在此反应中为还原剂

(C)Cl 原子在反应中得到电子,为氧化剂　　(D)此反应中化合价变化,电子无转移

19. 关于 $Cl_2+H_2=2HCl$ 的化学反应的描述,正确的是(　　)。

(A)此反应为氧化-还原反应　　(B)HCl 可以电离为离子化合物

(C)Cl 原子在此反应中独占 H 原子的电子　　(D)此反应没有电子的转移

20. 食盐溶在水中,不能发生以下(　　)现象。

(A)食盐发生电离,产生 Na^+ 和 Cl^-　　(B)形成食盐水溶液

(C)食盐又重新凝聚在一起,形成结晶　　(D)食盐水溶液中各处 Na 和 Cl^- 的含量均一

21. 在有关溶液的描述中,下列说法正确的是(　　)。

(A)水和酒精混在一起互为溶质、溶剂

(B)铁在水溶液中腐蚀速度比在空气中腐蚀速度快

(C)在食盐水溶液中,下边含量高,上边含量低

(D)气体不能溶在水中

22. 当钢片和锌片浸入稀 H_2SO_4 中并且用导线连接形成原电池时,产生的现象是(　　)。

(A)钢片上有氢气产生　　(B)锌片上有氢气产生

(C)钢片溶解　　(D)不会有任何变化

23. 将一根铁杆插入池塘中,经过一段时间后会发生的现象有(　　)。

(A)在水中的部分先生锈　　　　　　(B)在空气中上部的部分先生锈

(C)在水面上、下的部分先生锈　　　(D)埋在池塘底部的部分先生锈

24. 为防止金属腐蚀,下列措施不合适的是(　　)。

(A)通过加入少量其他金属来抵抗各种腐蚀

(B)在金属表面覆盖保护层

(C)减少金属周围化学物质

(D)给金属通电

25. 下列描述不是关于有机物的是(　　)。

(A)难溶于水但易溶于汽油、酒精　　(B)不易燃烧,受热不易分解

(C)不易导电,熔点低　　　　　　　(D)化学反应复杂,速度较慢

26. 有机物的化学反应复杂主要是因为(　　)。

(A)碳原子间以共价键结合形成较长碳链　(B)有机物是非电解质,不易导电

(C)不易溶于水,易溶于汽油、苯、酒精等　(D)它主要存在于有机物体内

27. 烃类化学物质具有的化学性质是(　　)。

(A)都是气体,不易溶于水

(B)可以和氯气发生取代反应

(C)燃烧后不都生成 CO_2 和 H_2O,还有其他物质

(D)能够发生加成反应

28. 下列关于烷烃化学性质的描述,不正确的是(　　)。

(A)性质稳定,不易和酸、碱、氧化剂发生反应

(B)能够燃烧,燃烧产物为 H_2O 和 CO_2

(C)与氯气反应只生成一氯化产物

(D)在加热时能够分解

29. 下列关于乙烯性质的描述,错误的是(　　)。

(A)可以用作化学工业的基础产品　　(B)可以从石油中大量提取

(C)无色、无味的气体　　　　　　　(D)实验室内无法制备

30. 下列关于烯烃类化学性质的描述,正确的是(　　)。

(A)可以通过聚合反应生成长链的有机物　(B)只能被氧气氧化

(C)在自然界存在极少量甲烯　　　　　　(D)加成反应能生成四溴烷烃

31. 烃类物质具有的特性是(　　)。

(A)只有碳、氢两种物质组成的有机物　(B)只有碳、氢两种物质组成的直链有机物

(C)能发生氧化反应的有机物　　　　　(D)能与氯气发生取代反应的直链有机物

32. 下列描述正确的是(　　)。

(A)有的炔烃与烯烃类有相同的碳、氢原子数

(B)乙炔可以用作水果催熟剂

(C)乙烯又称为电石气

(D)炔烃中有三键,键能是烷烃的三倍

33. 下列关于乙炔的描述正确的是(　　)。

(A)乙炔燃烧时放出大量的热是因为有三键的缘故

(B)乙炔也能与溴发生加成反应

(C)聚氯乙烯不可以通过乙炔来制备

(D)乙炔的工业生产主要是通过石油和天然气

34．橡胶有很好的弹性和电绝缘性，这是因为（　　）。

(A)橡胶是有机物

(B)橡胶里面有碳和氢

(C)橡胶里面有两个双键

(D)橡胶是聚异戊二烯硫化后形成的网状结构赋予了它的特性

35．苯结构的独特性是（　　）。

(A)碳、氢元素的数目一样多

(B)有特殊气味的液体

(C)苯分子中碳原子间的键既不是单键也不是双键

(D)苯分子中既有单键又有双键

36．下列关于苯性质的描述，错误的是（　　）。

(A)苯结构复杂，不能与氢气发生加成反应

(B)苯能和硫酸发生磺化反应

(C)苯也能与卤素发生取代反应

(D)苯燃烧时有大量的黑烟

37．下面关于卤代烃的描述，正确的是（　　）。

(A)卤代烃的密度随着原子数目增加而减少

(B)卤代烃能发生磺化反应

(C)卤代烃发生消去反应生成 CO_2

(D)卤代烃取代反应的产物是乙醛

38．下面关于乙醇的描述，正确的是（　　）。

(A)俗名酒精，主要用作饮用酒

(B)不能和金属反应

(C)和氢卤酸的反应产物为卤代烃

(D)酒精不能作为生成乙烯的材料

39．下列有关醇类性质的说法，错误的是（　　）。

(A)醇类是指链烃基结合着羟基的化合物

(B)Φ—OH 属于醇类

(C)乙二醇可以作为涤纶的生产原料

(D)丙三醇可用作制药

40．下列不是苯酚化学性质的是（　　）。

(A)苯酚有毒，并对皮肤有害

(B)苯酚能与卤素发生化学反应生成取代产物

(C)苯酚具有一定的碱性

(D)苯酚可以和 NaOH 发生化学反应

41．常用酚醛树脂是（　　）。

(A)由乙醛和苯酚发生反应的产物

(B)是甲醛与苯酚发生缩聚反应的产物

(C)反应后的副产物有 CO_2

(D)易燃烧，易导电

42．下列描述属于乙酸的化学性质的是（　　）。

(A)不能和醇类发生化学反应

(B)可以与碱发生化学反应但不能电离

(C)酸性要比磷酸弱比碳酸强

(D)可以制造香精

43. 下列对于酯类的描述,错误的是(　　)。
(A)是羧酸与醇类发生化学反应的产物　　　(B)在自然界中比较少见
(C)酯化反应有逆反应,即水解　　　(D)酯的命名是酸在前醇在后

44. 铝、铁等金属在浓硫酸中没有明显的腐蚀现象是因为(　　)。
(A)浓硫酸的酸性不强　　　(B)浓硫酸有较强的氧化性
(C)这些金属不活泼　　　(D)它们发生钝化反应

45. 氢氧化铝既能与酸进行反应,也能同碱进行反应,这是因为(　　)。
(A)这种物质非常活泼　　　(B)这种物质是自然界中的唯一特殊物质
(C)这种现象不可能发生　　　(D)这种物质既有酸性又有碱性

46. 由碳、氢、氧组成的物质一般是(　　)。
(A)有机物　　　(B)无机物
(C)碳酸类物质　　　(D)不在自然界中存在

47. 甲烷的结构非常稳定,这是因为(　　)。
(A)它不与其他无机物发生化学反应　　　(B)可以与氯气发生化学反应
(C)不能分解　　　(D)不容易燃烧

48. 乙炔中有一个三键,所以(　　)。
(A)它的键能高于单键三倍　　　(B)它比乙烷活泼三倍
(C)它的键能不是单键的三倍　　　(D)它燃烧时反应不容易完全

49. 关于苯的化学性质,下列说法正确的是(　　)。
(A)苯是无色、无味的气体　　　(B)苯有强烈的刺激性气味
(C)苯在工业上应用很少　　　(D)苯中有三个三键

50. 关于乙醇的化学性质,下列说法错误的是(　　)。
(A)它能够溶于水　　　(B)它能与金属反应
(C)它能经过反应生成乙烯　　　(D)它不能与氧气反应

51. 在下列说法中,关于有机物说法正确的是(　　)。
(A)电木是一种自然植物经过化学反应制成的
(B)合成纤维都是由有机物经过化学反应制成的
(C)橡胶不能进行人工合成
(D)水果香味完全是从水果中提炼的

52. 采用火焰法处理塑料表面,其温度应控制在(　　)内。
(A)100℃~200℃　　　(B)200℃~300℃
(C)500℃~800℃　　　(D)1 000℃~2 000℃

53. 采用草酸漂白木制品表面,草酸的质量分数应控制在(　　)。
(A)1%　　　(B)2%　　　(C)3%　　　(D)5%

54. 在木材表面涂漆时,木材的含水量质量分数应控制在(　　)。
(A)8%~12%　　　(B)5%~8%　　　(C)3%~5%　　　(D)12%~20%

55. 锌及锌合金涂装前表面脱脂时,一般是采用(　　)清洗剂。
(A)强碱性　　　(B)弱碱性
(C)中等碱性　　　(D)强碱性或弱碱性都可以

56. 将锌材在含铬的酸性溶液中处理 1 min 左右,可在锌材表面生成一层质量为( )左右的无机铬酸盐膜。

(A)1 g/m² (B)1.5 g/m² (C)2 g/m² (D)3 g/m²

57. 纯铝在常温下与空气中氧发生作用,可生成一层厚度为( )μm 的致密的氧化膜,能起到保护作用。

(A)0.01~0.015 (B)0.01~0.02 (C)0.02~0.03 (D)0.03~0.04

58. 黄膜铬酸盐处理锌材的工艺时间为( )。

(A)1 min (B)2 min (C)3 min (D)5 min

59. 红丹粉属于( )。

(A)有机颜料 (B)体质颜料 (C)防火颜料 (D)防锈颜料

60. 在铝及铝合金表面形成磷酸铬酸盐膜时,处理液的 pH 值一般控制在( )内。

(A)1.5~3.0 (B)2.0~2.5 (C)2~3 (D)3~4

61. 塑料制品退火的目的是( )。

(A)除去静电 (B)消除塑料制品的内应力
(C)增加涂膜的附着力 (D)增加表面的粗糙度

62. 采用湿碰湿喷涂时,两次喷涂间隔时间为( )min。

(A)1~2 (B)2~3 (C)3~4 (D)3~5

63. 采用三涂层体系喷涂金属闪光漆时,金属底漆的涂膜厚度一般为( )μm。

(A)5~10 (B)10~15 (C)15~20 (D)20~25

64. 采用三涂层体系喷涂珠光漆时,珠光底色漆涂膜厚度为( )μm。

(A)5~10 (B)10~15 (C)15~20 (D)20~30

65. 采用手工空气喷涂法喷涂工件时,喷房的风速一般控制在( )m/s 内。

(A)0.2~0.3 (B)0.1~0.2 (C)0.3~0.5 (D)0.5~0.6

66. 采用高速旋杯喷涂溶剂型涂料时,喷房内的风速一般控制在( )m/s 内。

(A)0.2~0.3 (B)0.3~0.4 (C)0.4~0.5 (D)0.5~0.6

67. 喷漆室相对擦净室来说,室内空气呈( )。

(A)正压 (B)微正压 (C)负压 (D)等压

68. 阴极电泳涂装中,槽液的 MEQ 值降低可以通过补加( )来调整。

(A)中和酸 (B)溶剂 (C)色浆 (D)乳液

69. 利用手工空气喷枪喷涂工件时,枪口距工件的距离应控制在( )cm 之间。

(A)10~20 (B)15~20 (C)20~30 (D)30~40

70. 各种金属中最容易遭到腐蚀的是( )金属。

(A)电极电位高的 (B)电极电位适中
(C)电极电位较低 (D)电极电位为零

71. 对有色金属腐蚀最厉害的有害气体是( )。

(A)氧化碳 (B)二氧化硫 (C)硫化氢 (D)氧气

72. 电极电位越低或负电位较高的金属是阳极,阳极部分会被腐蚀,阴极面积比阳极面积( ),阳极就会被腐蚀得更快。

(A)越小 (B)相等 (C)越大 (D)0

73. 下列不属于金属腐蚀的是(   )。
(A)晶间腐蚀   (B)缝隙腐蚀和点蚀
(C)湿度腐蚀   (D)露点腐蚀

74. 金属腐蚀的内部原因是(   )。
(A)受化学品腐蚀   (B)金属的结构
(C)生产加工时的腐蚀   (D)温度变化

75. 世界上每年因腐蚀而造成的损失可达钢铁总产量的(   )。
(A)1/3~1/2   (B)1/15~1/10   (C)1/10~1/5   (D)1/5~1/4

76. 下列不是电蚀的是(   )。
(A)电视塔地线   (B)有轨电车钢轨腐蚀
(C)船舶漏电   (D)水管沉积物腐蚀

77. 下列金属与铜接触后最容易受到腐蚀的是(   )。
(A)铁   (B)锌   (C)铝   (D)镁

78. 黄铜中发生金属腐蚀的类型是(   )。
(A)电偶腐蚀   (B)氢腐蚀   (C)合金选择腐蚀 (D)热应力腐蚀

79. 船舶壳体的防腐方法是(   )。
(A)外加电流阴极保护法   (B)牺牲阳极法
(C)阴极保护法   (D)覆膜法

80. 使金属腐蚀的内部原因是(   )。
(A)湿度   (B)化学品腐蚀
(C)金属棱角腐蚀   (D)金属表面结露腐蚀

81. 锌和铁之间产生金属腐蚀的类型是(   )。
(A)电偶腐蚀   (B)晶间腐蚀   (C)氢腐蚀   (D)合金选择腐蚀

82. 下列不适合作牺牲阳极的金属保护材料的是(   )。
(A)阳极电位要足够正   (B)阳极自溶量要小,电流效率要高
(C)单位重量材料电量小   (D)材料稀少

83. 在浓硝酸中浸过的钢板更耐腐蚀的原理是(   )。
(A)覆膜法   (B)环境处理法   (C)钝态法   (D)阴极保护法

84. 下列金属中,最容易受到电化学腐蚀的是(   )。
(A)汞   (B)铝   (C)铁   (D)铜

85. 铜片和锌片一同浸在稀硫酸溶液中并用导线连接,这时会发现(   )。
(A)锌片上有氢气产生   (B)铜片上有氢气产生
(C)两块金属片上都有氢气产生   (D)两块金属片上都没有氢气产生

86. 水蒸气结成露水和水垢在裂缝中发生腐蚀的类型是(   )。
(A)露点腐蚀和沉积固体物腐蚀   (B)露点腐蚀和积液腐蚀
(C)电偶腐蚀和晶间腐蚀   (D)积液腐蚀与露点腐蚀

87. 经钝化处理的黑铁管、黑铁皮发生金属腐蚀的类型是(   )。
(A)点蚀   (B)晶间腐蚀   (C)电蚀   (D)缝隙腐蚀

88. 在 Zn\Cu 原电池中,电流方向为(   )。

(A)从锌流到铜　　(B)方向不断改变　　(C)从铜流到锌　　(D)没有电流

89. 下列金属与铜的合金中最不易受腐蚀的是(　　)。

(A)铁　　　　　(B)银　　　　　(C)金　　　　　(D)镁

90. 浓硫酸可以用铝罐来盛装,其原因是(　　)。

(A)铝罐内部有塑料衬里　　　　　(B)铝本身有很强的耐腐蚀性

(C)硫酸的浓度不够高　　　　　(D)浓硫酸与铝的表面形成钝化层

91. 青铜是以(　　)作为主要成分的合金。

(A)铜和锌　　(B)锌和镁　　(C)铜和锡　　(D)镁和锡

92. 在锌-铜原电池中,作为负极的是(　　)。

(A)锌　　　　　(B)锌、铜均可作为负极

(C)铜　　　　　(D)电解质溶液

93. 在孟塞尔色相环中,字母B代表(　　)。

(A)红色　　(B)绿色　　(C)蓝色　　(D)黄色

94. 下列物体中,可以称作光源的是(　　)。

(A)镜子　　(B)月亮　　(C)玻璃　　(D)蜡烛

95. 颜色深的物体使人感觉(　　)。

(A)轻松　　(B)物体较小　　(C)寒冷　　(D)较远

96. 在孟塞尔颜色立体中,颜色的位置偏上,那么(　　)。

(A)它的颜色偏浅　　(B)它的颜色偏红　　(C)它的颜色偏深　　(D)它的颜色偏黄

97. 孟塞尔颜色立体中,用(　　)来表示颜色的彩度分级。

(A)圆柱体　　(B)陀螺型　　(C)圆球体　　(D)立方体

98. 下列颜色中,可以与黄色为互补色的是(　　)。

(A)红色　　(B)绿色　　(C)紫色　　(D)白色

99. 加入助剂可以不影响颜色的明度和色泽的方式是(　　)。

(A)一点不加入　　　　　(B)按比例加入

(C)多加助剂　　　　　(D)助剂不会产生影响

100. 在孟塞尔色相环中,字母R代表(　　)。

(A)红色　　(B)绿色　　(C)蓝色　　(D)黄色

101. 光在真空中的传播速度是(　　)km/s。

(A)200　　(B)340　　(C)10 000　　(D)300 000

102. 下列物体中,不能称为光源的是(　　)。

(A)太阳　　(B)电筒　　(C)月亮　　(D)蜡烛

103. 下列物体中,属于人造光源的是(　　)。

(A)月亮　　(B)蜡烛　　(C)太阳　　(D)星星

104. 关于光的描述,下列说法正确的是(　　)。

(A)它是电磁波中的一段　　　　　(B)它本身是一种电磁波

(C)所有的光肉眼都能看见　　　　　(D)因为它是电磁波,因而对眼睛有害

105. 下列状态是由物体表面干涉引起的是(　　)。

(A)猫眼在夜晚发绿　　　　　(B)太阳为金黄色

(C)水面的油花 (D)绿色的树叶

106. 一个物体能够全部吸收太阳光,它就是( )。

(A)黑色 (B)白色 (C)蓝色 (D)红色

107. 一个物体能够全部反射太阳光,它是( )。

(A)黑色 (B)绿色 (C)蓝色 (D)白色

108. 下列颜色不属于消色的是( )。

(A)黑色 (B)绿色 (C)灰色 (D)无色

109. 在通常情况下,反射率在( )时物体被定义为白色。

(A)小于10% (B)大于90% (C)小于70% (D)大于75%

110. 在通常情况下,反射率在( )时物体被定义为黑色。

(A)小于10% (B)大于90% (C)小于70% (D)大于75%

111. 下列不能影响物体颜色的是( )。

(A)距离远近 (B)眼睛大小 (C)光线强弱 (D)物体大小

112. 当两个不同颜色和大小的物体放在一起时( )。

(A)它们颜色不会互相影响 (B)大的物体影响小的物体

(C)小的物体影响大的物体 (D)它们的颜色发生严重干扰

113. 下列情况会影响物体颜色的是( )。

(A)黑暗中的绿色物体 (B)戴眼镜之后

(C)用照相机拍照时 (D)天气阴时

114. 下列数字能表示出三刺激值提出的三原色单位的亮度比率的是( )。

(A)1.000∶2.000∶3.000 (B)2.000∶8.769∶2.548

(C)1.000∶4.590 7∶0.060 1 (D)1.000∶1.000 0∶1.000 0

115. 孟塞尔色立体用字母"Y"表示( )。

(A)红色 (B)黄色 (C)青色 (D)蓝色

116. 在孟塞尔颜色立体中,中央轴代表( )。

(A)彩度 (B)纯度 (C)黑色 (D)无彩及中性色

117. 在孟塞尔颜色立体中,某一点离中央轴越远,其( )越高。

(A)亮度 (B)彩度 (C)纯度 (D)黑度

118. 常用的铁红粉的化学分子式是( )。

(A)FeS (B)FeSO$_4$ (C)Fe$_2$O$_3$ (D)FeCl$_3$

119. 在奥斯特瓦尔德表色法中,若用黑色、白色和彩色表示一种颜色,则( )。

(A)B×W×C=100 (B)B−W−C=1

(C)B+W+C=1 (D)B÷W×C=1

120. 奥斯特瓦尔德表色法用( )表示颜色。

(A)1个数字两个字母 (B)1个字母两个数字

(C) 3个数字 (D)3个字母

121. 在下列颜色中,可以与紫色互为补色的是( )。

(A)红色 (B)绿色 (C)黄色 (D)白色

122. 配色时,白色或黑色量加入过多,则( )。

(A)白色难于调整　　(B)黑色难于调整　　(C)无法调整　　(D)都很容易调整

123. 橙红色容易使人感觉(　　)。

(A)沉重　　　　　(B)轻松　　　　　(C)刺目　　　　　(D)冷峻

124. 颜色浅的物体不能使人感觉(　　)。

(A)轻松　　　　　(B)物体较大　　　　(C)寒冷　　　　　(D)较远

125. 在金属闪光漆中,铝粉直径通常在(　　)μm 之内。

(A)100～200　　　(B)8～40　　　　(C)20～80　　　　(D)1～10

126. 喷涂金属闪光底漆时,空气压力应该(　　)。

(A)与普通喷漆相同　(B)较低　　　　　(C)较高　　　　　(D)不用

127. 金属闪光漆中的珠光粉材质是(　　)。

(A)铜粒　　　　　(B)铁粉　　　　　(C)金粉　　　　　(D)云母粉

128. 判断配出的颜色是否与标准色相同,是将配出的颜色在(　　)与标准色进行对比。

(A)表干后　　　　(B)湿膜时　　　　(C)干燥后　　　　(D)任何时候

129. 两间色不等量混调或三原色之间不等量混调而成的颜色,称为(　　)。

(A)补色　　　　　(B)复色　　　　　(C)消色　　　　　(D)邻近色

130. 能够表现出富有、地位并有某种高贵的颜色是(　　)。

(A)黄色　　　　　(B)绿色　　　　　(C)蓝色　　　　　(D)白色

131. 奥斯特瓦尔德色立体呈(　　)。

(A)陀螺状　　　　(B)圆柱体　　　　(C)纱锤形　　　　(D)圆球形

132. 用划格法测定 61～120 μm 的涂膜附着力时,可在涂膜上用划格器划出纵横互成(　　)mm 的方格。

(A)0.5　　　　　(B)1　　　　　　(C)0.1　　　　　(D)2

133. 颜色的冷暖感主要受(　　)影响。

(A)颜色纯度　　　(B)颜色亮度　　　(C)颜色的黑白度　(D)颜色的色调

134. 颜色的饱和度又可称为(　　)。

(A)亮度　　　　　(B)纯度　　　　　(C)黑白度　　　　(D)色调

135. 三刺激值表色法的色品图呈(　　)形状。

(A)图形　　　　　(B)方形　　　　　(C)马蹄形　　　　(D)椭圆形

136. 奥斯特瓦尔德色立体中,中部最大水平圆的圆周上被分成(　　)个全彩色。

(A)20　　　　　　(B)100　　　　　(C)5　　　　　　(D)8

137. 从涂料的组成物质看,(　　)涂料是属于油性涂料。

(A)乙烯树脂类　　(B)天然树脂类　　(C)纤维素类　　　(D)聚酯树脂类

138. 在油基类中,树脂:油＝(　　)以下称为短油度。

(A)1：2.5　　　　(B)1：3　　　　　(C)1：2　　　　　(D)1：4

139. 下列不属于高分子涂料的是(　　)。

(A)聚酯树脂类　　(B)天然树脂类　　(C)丙烯酸树脂类　(D)乙烯树脂类

140. (　　)俗称为洋干漆。

(A)虫胶漆　　　　(B)酯胶漆　　　　(C)钙酯漆　　　　(D)沥青漆

141. 在沥青中加入树脂和干性油混合制成的漆称为(　　)。

(A)加树脂沥青漆　　　　　　　　　　　　(B)加油沥青漆
(C)加油和树脂沥青漆　　　　　　　　　　(D)沥青漆

142. 在合成树脂涂料中,应用最广的一类涂料是( )。
(A)氨基树脂类　　(B)醇酸树脂类　　(C)环氧树脂类　　(D)聚酯树脂类

143. 下列涂料中,固体分含量最少的是( )。
(A)过氯乙烯树脂类　　　　　　　　　　　(B)环氧树脂类
(C)纤维素类　　　　　　　　　　　　　　(D)酯胶漆类

144. 下列不属于乙烯树脂类涂料的是( )。
(A)聚氯乙烯树脂类　　　　　　　　　　　(B)过氯乙烯树脂类
(C)聚乙烯醇缩甲醛树脂类　　　　　　　　(D)聚乙烯醇缩丁醛树脂类

145. "三防"性能是指防湿热、防盐雾、( )。
(A)防霉菌　　(B)防暴晒　　(C)防碰撞　　(D)防酸

146. 元素有机硅树脂类涂料因耐高温可在( )℃下长期使用。
(A)100　　(B)200　　(C)300　　(D)1 000

147. 水玻璃涂料属于( )涂料。
(A)其他类　　(B)元素有机硅类　　(C)橡胶类　　(D)聚酯树脂类

148. 在粉末涂装法中,最有发展前途的是( )。
(A)流化床涂装法　　(B)静电喷涂法　　(C)静电流化床法　　(D)高压无气涂装法

149. 由于设备工具的结构组成及使用涂料的特点等原因,( )的涂料利用率高、环境污染小。
(A)电泳涂装法　　(B)静电喷涂法　　(C)粉末涂装法　　(D)高压无气涂装法

150. 涂料产品取样时,通常将涂料分为 ( )个类型。
(A)3　　(B)4　　(C)2　　(D)5

151. 粉末状的涂装产品被划分在( )型中。
(A)A　　(B)B　　(C)C　　(D)D

152. 涂料产品批量为 140~160 桶时,取样桶数应不少于( )。
(A)8　　(B)5　　(C)9　　(D)10

153. 涂料取样时,每增加( )桶时,取样数加 1。
(A)50　　(B)70　　(C)90　　(D)30

154. 对于大平面表面刮涂腻子,适宜采用的刮涂工具是( )。
(A)牛角刮刀　　(B)钢板刮刀　　(C)胶皮刮板　　(D)木质刮刀

155. 在刷涂垂直面时,每次刷子蘸漆量占刷子毛长的( )。
(A)1/3　　(B)1/2　　(C)2/3　　(D)3/4

156. 淋涂所用喷淋嘴口径一般为( )mm。
(A)0.5~1.5　　(B)1.5~2.5　　(C)2.5~3.5　　(D)3.5~4.5

157. 牛角翘属于( )工具。
(A)刷涂　　(B)辊涂　　(C)刮涂　　(D)浸涂

158. 刀口长度 3 英寸腻子刀为( )。
(A)50.8 mm　　(B)38.1 mm　　(C)76.2 mm　　(D)84.6 mm

159. 涂料取样时,下列容器不能应用的是( )。

(A)塑料瓶　　　　(B)不锈钢瓶　　　　(C)黄钢瓶　　　　(D)玻璃瓶

160. 下列条件不适合作取样器皿的是( )。

(A)表面光滑　　　　(B)容易清洗　　　　(C)有凹槽　　　　(D)磨口玻璃瓶

161. 涂料样品应放在( )。

(A)冰箱内　　　　　　　　　　　　(B)塑料瓶中

(C)黑暗潮湿的厂房中　　　　　　　(D)清洁干燥密封好的金属小罐内

162. 某涂料样品共取样 7 桶,此批涂料进货最大范围应为( )桶。

(A)21～35　　　　(B)71～90　　　　(C)161～200　　　　(D)91～125

163. 涂料样品( )。

(A)数目要少一些

(B)数目够试验用即可

(C)数目除用作试验外,还能留作日后复验用

(D)数目越多越好

164. 涂料样品储存时应留有的信息是( )。

(A)生产批次、取样日期　　　　　　(B)生产厂家及人员

(C)试验温度及湿度　　　　　　　　(D)试验至生产之间的天数

165. 金属漆喷涂时,空气压力和喷本色黑漆时空气压力比( )。

(A)较大　　　　(B)较小　　　　(C)相同　　　　(D)无关系

166. 最可能由于施工方法不同造成漆膜外观的不同的涂料是( )。

(A)厚膜涂料　　　　　　　　　　(B)带有片状颜料的涂料

(C)有光面漆　　　　　　　　　　(D)上述所有涂料

167. 锈霜是( )。

(A)留在表面上的锈垢残余物　　　　(B)锈蚀反应所产生的红棕色变色现象

(C)湿锈　　　　　　　　　　　　(D)光线不好情况下的变色作用

168. 如果施工涂层的湿膜厚度为 200 μm,体积固体分为 60%,那么干膜厚度则为( )。

(A)80 μm　　　　(B)100 μm　　　　(C)120 μm　　　　(D)150 μm

169. 当溶剂型涂料施工在热表面上时,最易出现的现象是( )。

(A)形成涂料干喷　　　　　　　　(B)涂料不能合适地润湿表面

(C)涂料不能固化　　　　　　　　(D)涂料不能成膜

170. "诱导时间"("熟化时间")是指( )。

(A)涂料自生产日期以来已储存的时间　　　(B)新施工人员的培训期

(C)涂料混合后可使用的时间　　　　　　　(D)涂料混合后,在使用前必须放置的时间

171. 涂料施工时或涂料施工后短时间内,如果相对湿度高的话,最易出现的现象是( )。

(A)漆膜中有针孔　　　　　　　　(B)漆膜厚度低,丰满度差

(C)涂层表面粗糙　　　　　　　　(D)发白

172. 通常( )给出了涂装施工时钢板表面温度的建议。

(A)涂料包装罐的侧面　　　　　　　　　　　　　(B)溶剂包装容器上

(C)材料安全说明书　　　　　　　　　　　　　　(D)生产商的技术数据手册上

173. 锐边上的涂层通常会(　　)。

(A)堆积过厚　　　　　　　　　　　　　　　　　(B)对边的保护比对平面的保护好

(C)回缩而留下薄涂层　　　　　　　　　　　　　(D)具有不同的颜色

174. 下列不是涂层起泡的潜在原因的是(　　)。

(A)基材上的可溶性化学盐类　　　　　　　　　　(B)涂膜中的可溶性颜料

(C)阴极保护　　　　　　　　　　　　　　　　　(D)涂层薄

175. 刷涂时,毛刷与杯涂表面的角度应保持在(　　)。

(A)10°～20°　　　　(B)20°～30°　　　　(C)30°～40°　　　　(D)45°～60°

176. 下列涂料特性不能通过选择和添加颜料或填充料进行改变的是(　　)。

(A)光泽　　　　　　(B)颜色　　　　　　(C)固化进程　　　　(D)柔韧性

177. 油基涂料会与碱性基材发生反应产生不利条件,称作(　　)。

(A)起皱　　　　　　(B)皂化　　　　　　(C)物理化转变　　　(D)化学分解

178. 点状腐蚀并渗透至金属,这种作用称作(　　)。

(A)局部腐蚀　　　　(B)阴极渗透　　　　(C)漆下腐蚀　　　　(D)点蚀

179. 形成铁系磷化膜的槽液成分是(　　)。

(A)磷酸锰　　　　　(B)硫酸铜　　　　　(C)磷酸钙　　　　　(D)磷酸铁

180. 金属表面因腐蚀而形成氧化层,降低了腐蚀速率,这种作用称作(　　)。

(A)还原作用　　　　(B)成核作用　　　　(C)钝化作用　　　　(D)空化作用

181. 温度升高通常会(　　)。

(A)减缓腐蚀　　　　　　　　　　　　　　　　　(B)阻止腐蚀

(C)对腐蚀反应不会造成差异　　　　　　　　　　(D)加快腐蚀

182. 保护涂料中对健康有危害的部分很可能是(　　)。

(A)颜料　　　　　　(B) 树脂　　　　　(C)溶剂　　　　　　(D)填充料

183. 检测磷化液的总酸度和游离酸度,可用(　　)mol 的氢氧化钠标准溶液进行滴定。

(A)0.1　　　　　　(B)0　　　　　　　(C)10　　　　　　　(D)100

184. 下列涂料滚涂/刷涂时容易"咬底"的是(　　)。

(A)丙烯酸涂料　　　(B)环氧涂料　　　　(C)醇酸涂料　　　　(D)氯化橡胶涂料

185. 用于涂装的脚手架与被涂表面的垂直距离至少保持在(　　)cm。

(A)15～30　　　　　(B)25～50　　　　　(C)40～60　　　　　(D)50～75

186. 采用涂料涂膜的金属防腐蚀方法属于(　　)。

(A)覆膜　　　　　　(B)钝化　　　　　　(C)屏蔽　　　　　　(D)阴极保护

187. 磷化膜的厚度一般控制在(　　)μm 的范围内。

(A)0.05～0.15　　　(B)0.5～1.5　　　　(C)5～15　　　　　　(D)50～150

188. 配制氧化膜封闭处理液时,在加入碳酸钠后应将溶液加温至沸腾,以便于消除(　　)。

(A)O_2　　　　　　(B)CO　　　　　　(C)CO_2　　　　　　(D)CO_3

189. 磷化处理溶液中有(　　)存在,可改善磷化膜的结晶,使磷化膜细密坚固。

(A)CuO^{2+}　　　　　(B)Zn^{2+}　　　　　(C)Mn^{2+}　　　　　(D)Ni^{2+}

190. 亚硝酸钠可作为钢铁在磷化处理时的（　　）。

(A)活性剂　　　　　(B)络合剂　　　　　(C)促进剂　　　　　(D)调整剂

191. 对含有有毒颜料(如红丹、铅络黄等)涂料,应以（　　）为宜。

(A)喷涂　　　　　(B)刷涂　　　　　(C)电泳　　　　　(D)浸涂

192. 在静电喷涂时,喷涂室内较为适宜的风速应为（　　）m/s。

(A)0.1～0.2　　　　(B)0.2～0.3　　　　(C)0.3～0.4　　　　(D)0.4～0.5

193. 对于要求较精细的工件,可以采用（　　）打磨。

(A)湿法　　　　　(B)干法　　　　　(C)机械　　　　　(D)钢丝刷

194. 对于薄钢板工件的大面积除锈,宜采用（　　）。

(A)喷丸　　　　　(B)喷砂　　　　　(C)酸洗　　　　　(D)钢丝刷

三、多项选择题

1. 规定使用干膜测厚仪的标准是由（　　）制定的。

(A)SSPC　　　　　(B) ASTM　　　　　(C) ISO　　　　　(D) IMO

2. 涂装质量控制工作可由（　　）进行。

(A)油漆监督人员　　　　　　　　　(B)油漆保管人员

(C)油漆施工人员　　　　　　　　　(D)第三方检查人员

3. 检查人员应检查所用涂料和稀释剂（　　）。

(A)运输是否安全　　　　　　　　　(B)与所规定的相同

(C)储存在未损坏的容器中　　　　　(D)按生产商的说明书进行混合

4. 周围环境条件的测试应在（　　）进行测试。

(A)表面处理工作开始前　　　　　　(B)涂料施工期间

(C)涂料储存期间　　　　　　　　　(D)涂料施工即将开始之前

5. 为了计算所施工涂层的干膜厚度,必须知道（　　）。

(A)涂布率　　　　　(B) VOC　　　　　(C)湿膜厚度　　　　(D)体积固体分

6. 检查人员应在（　　）进行检查以保证遮盖物品得以适当保护。

(A)喷砂工作开始前　　　　　　　　(B)整个工作期间

(C)涂装施工开始前　　　　　　　　(D)工休时间

7. 影响涂装工作的环境条件包括（　　）。

(A)表面温度　　　(B)场地大小　　　(C)相对湿度　　　(D)风速

8. 干膜测厚仪应在（　　）情况下进行再校准。

(A)每个月　　　　　　　　　　　　(B)必要时

(C)有不规则测试结果时　　　　　　(D)每日至少一次

9. 溶剂的挥发速率影响（　　）。

(A)膜厚　　　　　(B)流平性　　　　(C)湿边时间　　　(D)光泽

10. 涂料对基材的附着力不好,可能原因是（　　）。

(A)劣质表面处理　　　　　　　　　(B)涂层间的污染

(C)基材表面太粗糙　　　　　　　　(D)前道环氧涂层完全固化

11. 下列涂层缺陷可能是由施工不当引起的是( )。

(A)粉化　　　　　　(B)过喷涂　　　　　(C)泥裂　　　　　　　　(D)流挂

12. 底漆的作用是( )。

(A)附着在基材上,为以后施工提供基础　　(B)美观

(C)提高耐磨性　　　　　　　　　　　　　(D)防止锈蚀

13. 涂料中加入助剂是用于( )。

(A)溶解基料　　　　(B)减少沉淀　　　　(C)阻止霉菌　　　　(D)提供防静电性

14. 钢板喷砂处理后,在几分钟内变暗,这意味着( )。

(A)钢板可能被可溶性盐类污染　　　　　(B)相对湿度高

(C)钢板尚未完全清理　　　　　　　　　(D)温度太低

15. 溶剂从涂膜中逃逸,可以以( )状态出现。

(A)表面上的气泡或起泡　　　　　　　　(B)缩孔

(C)渗色　　　　　　　　　　　　　　　(D)针孔

16. 表面粗糙度的深度可用下列( )进行测量。

(A)卡尺　　　　　　　　　　　　　　　(B)比测器和试样

(C)复制品胶带　　　　　　　　　　　　(D)深度刻度盘测微计

17. 表面清洁度的检查应在( )进行。

(A)任何表面处理活动开始前　　　　　　(B)表面处理后,涂装开始前

(C)多道涂层体系中的每道涂层施工之间　(D)油漆完工报验后

18. 下列结构缺陷在涂装前必须处理掉的是( )。

(A)电焊飞溅焊渣　　　　　　　　　　　(B)钢板轧制表面夹层

(C)锐角锐边　　　　　　　　　　　　　(D)气孔/电焊咬边

19. 下列涂料是通过溶剂挥发达到干燥目的的是( )。

(A)无机硅酸锌底漆　　　　　　　　　　(B)氯化橡胶漆

(C)乙烯漆　　　　　　　　　　　　　　(D)环氧漆

20. 防腐涂料的类型有( )。

(A)水性涂料　　　(B)牺牲型涂料　　　(C)屏蔽型涂料　　　(D)缓蚀型涂料

21. 腐蚀电池的要素有( )。

(A)阳极　　　　　(B)阴极　　　　　　(C)金属通道　　　　(D)电解液

22. 漆膜不连续情况下腐蚀速率会受到( )影响。

(A)涂料系统的类型　　　　　　　　　　(B)涂层膜厚

(C)基材上出现的内在氧化皮　　　　　　(D)不连续处出现的电解液

23. 涂料的组成包括( )。

(A)基料　　　　　　　　　　　　　　　(B)颜料和填料

(C)溶剂　　　　　　　　　　　　　　　(D)其他辅助成膜添加物

24. 涂料的作用有( )。

(A)防腐　　　　　(B)装饰　　　　　　(C)防火　　　　　　(D)防污

25. 下列涂料属于转换型干燥的是( )。

(A)沥青漆　　　(B)油改性醇酸漆　　　(C)无机硅酸锌漆　　　(D)聚氨酯漆

26. 环氧树脂漆的优点有(　　)。
(A)优良的耐化学/溶剂性
(B)低的水渗透性
(C)优良的附着力
(D)能达到较厚的漆膜厚度

27. 油漆产生粉化的原因有(　　)。
(A)错误使用稀释剂
(B)固化剂使用不正确
(C)环氧基涂料
(D)涂料中的颜料对紫外线敏感

28. 聚氨酯类涂料的优点有(　　)。
(A)优良的光泽保持性
(B)优良的保色性
(C)优良的耐水/溶剂性
(D) 优良的耐磨性

29. 丙烯酸涂料的优点有(　　)。
(A)良好的附着力、抗机械性能
(B)良好的光泽保持性、耐候性
(C)在寒冷的条件下也能干燥
(D)保色性好、耐紫外线

30. 车间底漆应具有的性能有(　　)。
(A)良好的焊接性和切割性
(B)良好的快干性
(C)良好的防腐性
(D)良好的耐溶剂性,能与各种防锈漆配套

31. 醇酸涂料的缺点有(　　)。
(A)较低的耐化学性能
(B)耐磨性较差
(C)较低的水渗透性
(D)干膜厚度较薄,不适用于浸水的部位

32. 无机硅酸锌涂料的缺点有(　　)。
(A)施工和干燥时对湿度敏感
(B)充分干燥后复涂困难
(C)直接暴露在空气中,表面易产生锌盐
(D)易产生"龟裂"

33. 造成流挂的可能原因是(　　)。
(A)喷枪离被喷表面距离太近
(B)基材表面温度太高
(C)基材表面温度太低
(D)涂料被过度稀释

34. 造成桔皮的可能原因是(　　)。
(A)喷枪距离被喷表面太近
(B)溶剂挥发速率太快
(C)无气喷涂时压力太高
(D)环境温度高,雾化时空气温度太低

35. 造成干喷/过喷涂的可能原因是(　　)。
(A)喷枪距离被喷表面太远
(B)雾化空气太多/压力太大
(C)喷涂时风太大
(D)喷枪没有和被喷表面垂直,且距离不合适

36. 造成剥落/脱皮的可能原因是(　　)。
(A)涂料被喷涂在被污染过的表面上
(B)基材表面结露
(C)基材太硬表面太光滑,涂层结合力差
(D)超过涂装间隔期

37. 造成针孔的可能原因是(　　)。
(A)不正确的油漆使用
(B)喷枪距离被喷表面太近
(C)雾化压力过大
(D)稀释剂使用不当

38. 造成缩孔/鱼眼的可能原因是(　　)。
(A)基材表面结露或有水
(B)基材表面有油、脂、硅酮等物质
(C)稀释剂加入较多
(D)雾化空气中有油、脂、硅酮等物质

39. 造成漆膜质量问题的可能原因是（   ）。

(A)油漆混合搅拌不充分　　　　　　　　(B)涂料表面不适当的表面张力

(C)喷涂技术水平差　　　　　　　　　　(D)使用的设备差，或设备器材选择使用不当

40. 造成发白的可能原因是（   ）。

(A)油漆喷涂后还没干时，遇雨雾潮湿天气或基材表面结露

(B)施工时有水混入到油漆中

(C)不恰当地稀释

(D)氨析出

41. 造成裂纹的可能原因是（   ）。

(A)硬性的油漆施工在相对软性的油漆上　　(B)膜厚太高

(C)钢板温度太高　　　　　　　　　　　(D)环境温度太高

42. 造成起泡/气泡的可能原因是（   ）。

(A)基材有可溶性化学盐类　　　　　　　(B)有溶剂残留

(C)阴极保护电压太高　　　　　　　　　(D)基材上有其他污染物（油、脂、脏物等）

43. 下列情况不宜进行涂装作业的是（   ）。

(A)钢板温度低于 40℃ 时　　　　　　　(B)基材温度高于露点温度 3℃ 以下时

(C)相对湿度高于 85% 时　　　　　　　(D)有大风、雨、雾或钢板表面有水时

44. 可以用磨砂纸处理的涂层缺陷有（   ）。

(A)流挂　　　　　(B)起皱　　　　　　(C)桔皮　　　　　(D)渗色

45. 车辆涂装工程的关键是要抓好（   ）这几个要素。

(A)涂装材料　　　(B)涂装工艺　　　　(C)涂装管理　　　(D)售后服务

46. 车辆涂层的主要质量指标有（   ）。

(A)外观装饰性　　　　　(B)耐候性　　　　　　　(C)耐蚀性

(D)机械强度　　　　　　(E)耐介质性能　　　　　(F)涂层厚度

47. 以下情况会造成桔皮的是（   ）。

(A)所用的溶剂挥发速度太快　　　　　　(B)涂料的粘度太高

(C)涂料雾化不好　　　　　　　　　　　(D)喷涂过厚，枪距太近

48. 金属腐蚀的外界原因是（   ）。

(A)湿度引起的腐蚀　　　　　　　　　　(B)污染物引起腐蚀

(C)温度变化引起的腐蚀　　　　　　　　(D)化学品引起的腐蚀

(E)加工污染引起的腐蚀

49. 一般底层涂料的原材料组成中都加入了各种防锈颜料或抑制性颜料，其目的是对金属表面分别起到（   ）作用。

(A)清洗　　　　　(B)防锈　　　　　　(C)磷化　　　　　(D)钝化

50. 高固体分涂料、电泳涂料、粉末涂料、水性涂料等，它们是（   ）的涂料品种，也称为环保涂料。

(A)低温固化　　　(B)低溶剂　　　　　(C)无溶剂　　　　(D)采用静电喷涂

51. 涂料的选择一般包括的步骤有（   ）。

(A)初始认可检验　　　　　　　　　　　(B)现场试验与调整

(C)少量试涂装　　　　　　　　　　　　　　(D)批量试涂装

(E)正式采用

52.使用阴极电泳涂料,被涂物是(　　)。

(A)阴极　　　　　　(B)阳极　　　　　　(C)良好的导电体　　(D)不导电的物体

53.涂料在生产、储存中发生的缺陷有(　　)。

(A)发浑　　　　　　(B)变稠　　　　　　(C)发胀　　　　　　(D)原漆变色

54."流挂"产生的原因有(　　)。

(A)在涂装过程中,一次涂装得过厚

(B)溶剂挥发缓慢,涂料粘度过低

(C)涂装前预处理不好,被涂物表面含有油或水

(D)喷涂时,喷枪与被涂物表面距离过远

55.下列会造成涂膜"粗粒"、"起粒"、"表面粗糙"的是(　　)。

(A)涂料变质,基料析出,颜料凝聚等

(B)施工时,双组分涂料中固化剂加入量不够

(C)涂装场所不清洁

(D)喷涂时喷嘴口径小、压力大

56.产生"刷痕"的原因有(　　)。

(A)涂料的流平性不佳

(B)涂装方式不当,气刷或辊筒来回刷涂或滚动过多

(C)涂装面漆或下道漆时,采用了过强的稀释剂

(D)被涂物底材吸收性过强,涂料涂刷后即被吸干

57.产生"缩孔"的原因有(　　)。

(A)被涂物表面沾有油污、汗渍、酸碱,涂装前未充分除净

(B)涂料和被涂物的温差大

(C)在多孔的被涂物表面上涂装时,没有将孔眼填实

(D)烘烤型涂料涂装后急剧加热烘烤涂膜

58.下列做法可以抑制"缩孔"的产生的是(　　)。

(A)在高温情况下,采用挥发性较慢的溶剂系统,稀释剂不能加入过多

(B)涂料在生产过程中放置,空气和水分混入

(C)涂料在使用前需经过过滤,除去杂质和碎屑

(D)彻底清除被涂物表面上的油污、水渍、汗渍、蜡质等

59.下列会导致电泳涂装时产生"气泡"缺陷的是(　　)。

(A)主槽和副槽的液面落差大

(B)工件入槽时的电流密度大

(C)电泳涂装设备使用了沾有硅油的阀门或垫片

(D)电泳槽液搅拌不充分

60.热风循环固化设备一般按加热空气介质可以分为(　　)。

(A)热风对流　　　(B)直接加热　　　(C)辐射加热　　　(D)间接加热

61.生产中一般常用的粘度计为(　　)。

(A)丁杯　　　　(B)涂-1 杯　　　　(C)涂-4 杯　　　　(D)落球

62. 涂装的主要功能是(　　)。
(A)保护作用　　　　　　　　　　(B)装饰作用
(C)特殊作用(绝缘和屏蔽)　　　　(D)防水作用

63. 常用的涂装方法有(　　)和高压无气喷涂法、静电喷涂法、电泳涂装法和粉末涂装法。
(A)刷涂法　　　　(B)浸涂法　　　　(C)淋涂法
(D)辊涂法　　　　(E)空气喷涂法

64. 密封胶的主要功能是(　　)。
(A)密封车身　　(B)防止漏雨　　(C)减缓焊缝腐蚀　　(D)填充

65. 涂膜的固化方法有(　　)。
(A)自然干燥　　(B)加速干燥　　(C)烘烤干燥　　(D)照射固化干燥

66. 车间的 5S 管理分别是(　　)。
(A)整理　　　　(B)整顿　　　　(C)清扫
(D)清洁　　　　(E)素养

67. 涂膜在烘干室内的整个烘干过程分别经过(　　)阶段。
(A)升温　　　　(B)保温　　　　(C)冷却　　　　(D)通风

68. 大量涂料溶剂于体内积聚会使人体产生的后果有(　　)。
(A)肾脏损坏　　(B)肝脏损坏　　(C)脑损坏　　(D)胃损坏

69. 遇有因油漆发生火警,下列灭火工具可帮助进行灭火的是(　　)。
(A)二氧化碳灭火器　　　　　　(B)泡沫灭火器
(C)消防水　　　　　　　　　　(D)砂土

70. 涂装表面前处理工艺对面漆效果的重要性有(　　)。
(A)可避免面漆产生色差效应
(B)可避免面漆产生老化和剥落
(C)可避免面漆产生土印及过氧化物渗透
(D)可避免漆膜产生剥落、锈蚀和土印等问题

71. 下列情况会产生条件等色的是(　　)。
(A)在荧光灯下配色　　　　　　(B)在白炽光灯下配色
(C)在日光灯下配色　　　　　　(D)在太阳的阴影下配色

72. 珍珠漆的特性有(　　)。
(A)在阳光下产生独特的闪耀　　(B)正侧面观察时不会有很大变化
(C)透明和深度方面极好　　　　(D)需喷涂清漆层,给予保护和光泽

73. 在喷涂面漆并烤干后出现砂纸痕的成因是(　　)。
(A)使用了单组分的填眼灰,填补较粗的砂纸痕
(B)未均匀打磨
(C)中间漆在研磨时还没有干透,或者过于柔软
(D)羽状边研磨时宽度不够

74. 在喷涂涂层时出现流挂,其成因是(　　)。

(A)喷涂涂层过厚、过多
(B)喷涂涂层过薄和太快
(C)漆料粘度大高,置干时间太长
(D)施工工件的表面温度太低

75. 痱子(溶剂泡)的形成原因有(　　)。
(A)层与层之间的闪干时间不够
(B)漆膜喷涂过厚,升温太快
(C)使用了慢干的固化剂和稀释剂
(D)使用了快干的固化剂和稀释剂

76. 清漆层剥落的主要原因有(　　)。
(A)底色漆有适当的静止及干燥时间,喷涂清漆
(B)清漆喷在硝基漆上面
(C)底色漆层漆膜厚度太高
(D)喷涂环境温度高,湿度低

77. 下列关于滚涂的说法,正确的是(　　)。
(A)滚涂最适用于乳胶漆的涂装,也可适用于油性涂料和合成树脂涂料的涂装
(B)滚涂所用的棍子由辊子本体和辊套组成
(C)辊套的幅度有多种,最常用的长度为 18 cm 和 23 cm
(D)滚涂的施工效率比刷涂高,涂料浪费少,不形成漆雾

78. 避免漆膜表面有灰尘"颗粒"缺陷的措施是(　　)。
(A)换滤棉
(B)确保抛光/整理区域要尽可能远离喷漆房
(C)彻底清洁要喷涂的表面
(D)要穿棉制工作服

79. 颜色的三原色为(　　)。
(A)绿　　　　　　(B)黄　　　　　　(C)蓝　　　　　　(D)红

80. 出现附着力不良的原因有(　　)。
(A)底材打磨不良
(B)除油不彻底
(C)塑料件没上塑料底漆
(D)漆膜薄

81. 下列漆膜缺陷中,适合用研磨剂作抛光的是(　　)。
(A)划痕　　　　　(B)氧化层　　　　(C)飞漆　　　　　(D)龟裂

82. 涂装作业时,由于喷枪距板面过近,出漆量过大,速度慢,工作环境中灰尘、蜡质的回落等原因会出现(　　)。
(A)流挂　　　　　(B)疵点　　　　　(C)鱼眼　　　　　(D)桔皮

83. 钢铁磷化的主要目的是(　　)。
(A)给基体金属提供短期工序间防护
(B)可替代油漆兼作防锈与装饰
(C)在一定程度上防止金属被腐蚀
(D)提高漆膜层的附着力与防腐蚀能力

84. 金属漆发花的原因有(　　)。
(A)走枪及喷涂不均匀
(B)稀释剂选择不好
(C)粘度调整不准确
(D)油漆自身问题

85. 粉末涂料所具备的特点有(　　)。
(A)不含有机溶剂
(B)涂料利用率达 99% 以上
(C)适用于 40 μm 以下薄涂
(D)换色较困难

86. 下列不属于 PU 弹性防腐材料特点的是(　　)。
(A)干燥速度快　　　(B)耐磨　　　　(C)耐黄变性好　　　(D)抗烧穿性强

87. 电泳漆技术发展趋势中的低能耗是指(　　)。
(A)低效率　　　(B)低循环量　　　(C)抗沉降性好　　　(D)低温固化

88. 电泳漆技术发展趋势中的高质量是指(　　)。
(A)高防腐　　　　　　　　　　(B)高泳透力
(C)厚膜化　　　　　　　　　　(D)优异的边缘覆盖性

89. 溶剂的选择依据是(　　)。
(A)溶解能力　　　(B)挥发性　　　(C)闪点　　　(D)毒性和价格

90. 手动喷枪的主要构成是(　　)。
(A)枪体　　　(B)气压调节装置　　　(C)扇面调节装置　　　(D)出漆量调节装置

91. 图案漆定额制定受以下(　　)因素影响。
(A)涂覆面积　　　(B)施工顺序　　　(C)投产批量　　　(D)油漆遮盖力

92. 中涂漆的作用是(　　)。
(A)防蚀　　　(B)填充　　　(C)防水　　　(D)抗石击

93. 发动机防护蜡的特点是(　　)。
(A)易擦洗　　　(B)耐高温　　　(C)易燃　　　(D)透明

94. 防护蜡的种类有(　　)。
(A)漆面蜡　　　(B)底盘蜡　　　(C)内腔蜡　　　(D)抛光蜡

95. 对油漆比例尺描述正确的是(　　)。
(A)搅拌混合　　　(B)控制配比　　　(C)开启油漆桶　　　(D)及时清洗

96. 涂装的发展方向是(　　)。
(A)智能化　　　　　　(B)低污染　　　　　　(C)无公害
(D)省资源　　　　　　(E)水性化

97. 自干型涂料的三种固化形式是(　　)。
(A)溶剂挥发型　　　(B)氧化聚合型　　　(C)双组分型　　　(D)湿气固化

98. 助剂是涂料中的辅助组分,能对涂料或涂膜的某一特定方面的性能起改进作用。助剂分(　　)等几类。
(A)对涂料生产过程发生作用的助剂
(B)在涂料储存过程中起作用的助剂
(C)在涂料施工成膜过程中发生作用的助剂
(D)对涂料性能产生作用的助剂

99. 加热干燥(或称烘干)是现代工业涂装中主要的涂膜干燥方式,特别是那些必须经加热才能成膜的涂料(如热熔成膜)更是如此。加热干燥可(　　)。
(A)提高涂层干燥速度,节约时间,提高效率
(B)缩短操作过程和保养时间,减少占用场地
(C)在密闭的环境中,减少灰尘沾污涂膜
(D)提高涂层的物理机械性能

100. 特种方式干燥,湿膜须受外加能量或其他条件如(　　)等才能形成干膜。

(A)紫外光照射   (B)电子束辐射   (C)高频振荡波   (D)氨蒸气

101. 涂料溶剂的选择要平衡下列(　　)要求。

(A)快干、无缩孔、挥发要快   (B)无流挂、无边缘变厚现象、挥发要快

(C)不发白、无气泡、挥发要慢   (D)流动性好、流平性好、挥发要慢

102. 聚氨酯涂料具有多种优异性能,(　　),可低温和室温固化,兼具保护性和装饰性,漆膜的弹性可根据需要而调节其成分配比。

(A)涂膜坚硬、柔韧、耐磨、光亮丰满、附着力强

(B)耐化学腐蚀、电绝缘性能好

(C)是一种高级涂料

(D)是一种优良的防腐底漆

103. 表面活性剂分类(　　)。

(A)阴离子型   (B)阳离子型   (C)非离子型   (D)两性离子型

104. 涂装后的漆膜是由(　　)配套组成的。

(A)罩光清漆   (B)腻子   (C)底漆   (D)面漆

105. 溶剂的挥发速度受(　　)因素的影响。

(A)表面积/体积比   (B)蒸气压   (C)气流   (D)温度

106. 影响涂料实际附着力的因素有(　　)。

(A)涂料的粘度   (B)基表面的润湿情况

(C)表面的粗糙度   (D)应力的影响

107. 涂装所用压缩空气的应满足的要求是(　　)。

(A)清洁   (B)无油   (C)无水   (D)无氧气

108. 根据涂料成膜过程的不同,汽车常用涂料可分为(　　)。

(A)热固性   (B)热塑性   (C)热溶性   (D)热敏性

109. 塑料件涂层的组成有(　　)。

(A)底漆   (B)中涂   (C)色漆   (D)罩光

110. 涂装车间常用的消防器材有(　　)。

(A)1211   (B)CO_2 (C)干粉   (D)泡沫

111. 针孔产生的可能原因是(　　)。

(A)喷涂过厚   (B)喷涂后晾干时间不够

(C)油漆本身存在问题   (D)喷涂薄

112. 涂装三检制是(　　)。

(A)自检   (B)抽检   (C)专检   (D)互检

113. 常用附着力检测划格器刀齿间距(　　)mm。

(A)1   (B)2   (C)3   (D)4

114. 高压无气喷涂的效率主要取决于喷吐量,但它将随着涂料的(　　)的变化而发生变化,需加以调节。

(A)密度   (B)粘度   (C)质量   (D)喷涂压力

115. 颜料在漆料中分散是一个复杂的过程,这一过程包括(　　)。

(A)颜料的润湿   (B)研磨与分散   (C)稳定   (D)搅拌

116. 次要成膜物质包括(　　)。

(A)着色颜料　　　　(B)体质颜料　　　　(C)防锈颜料　　　　(D)树脂

117. 喷砂和涂装工作对环境条件的要求是(　　)。

(A)基材的温度要高于露点温度3℃及以上

(B)相对湿度不超过85％(无机硅酸锌涂料除外)

(C)没有雨、雾、冰雹等潮湿空气和基材表面没有水

(D)没有大风(周围风速大于3 m/s以上不适宜涂装作业)

118. 涂过程中发现油漆遮盖力差、露底,可能的原因有(　　)。

(A)涂料自身遮盖力差　　　　　　　　(B)涂料产生沉淀使用时未搅拌

(C)喷涂太薄　　　　　　　　　　　　(D)喷涂太厚

119. 颜料在漆料的分散体系中,主要通过(　　)作用机理达到稳定。

(A)电荷稳定　　　　(B)立体保护　　　　(C)扩散　　　　(D)渗透

120. 色漆的制备过程主要包括(　　)。

(A)预分散　　　　(B)研磨分散　　　　(C)调漆　　　　(D)过滤包装

121. 涂装废气处理法有(　　)。

(A)直接燃烧法　　　　(B)催化燃烧法　　　　(C)活性碳吸附法　　　　(D)吸收法

122. 判断水洗是否需要换槽液的参数是(　　)。

(A)电导率　　　　(B)pH值　　　　(C)碱(酸)污染度　　　　(D)浓度

123. 三元磷化三元指的是(　　)。

(A)Zn　　　　(B) Fe　　　　(C)Mn　　　　(D)Ni

124. 常见的基材的结构缺陷有(　　)。

(A)锐角和锐边

(B)焊渣和电焊飞溅物

(C)板材本身的缺陷(轧板过程中产生的夹层)

(D)电焊咬边/凹陷

125. 与喷涂厚度有关的因素是(　　)。

(A)运行速度　　　　(B)喷枪距离　　　　(C)粘度　　　　(D)粗糙度

126. 表干的测定方法有(　　)。

(A)吹棉球法　　　　(B)指触法　　　　(C)小玻璃球法　　　　(D)刀片法

127. 涂膜桔皮测定法符号正确的是(　　)。

(A)水平面长波 LH　　　　　　　　(B)水平面短波 SH

(C)垂直面长波 LV　　　　　　　　(D)垂直面短波 SV

128. 砂纸纹的影响因素有(　　)。

(A)所选用的打磨砂纸太粗或质量差

(B)涂层未干透(或未冷却)就打磨

(C)被涂物表面状态不良,有极深的锉刀纹或打磨纹

(D)砂纸厂家

129. 实干时间的测定方法有(　　)。

(A)压滤纸法　　　　(B)压棉球法　　　　(C)刀片法　　　　(D)仪器测试法

130. 无气喷涂的三大安全隐患是(　　)。

(A)设备压力过高　　　　　　　　　　(B)涂料的高压喷砂流

(C)设备的静电释放　　　　　　　　　(D)设备成本高

131. 涂料的主要物理性能指标包括(　　　)。

(A)重量和体积固体分含量　　　　　　(B)黏性

(C)比重　　　　　　　　　　　　　　(D)渗透性

132. 常见的基材表面污染物有(　　　)。

(A)氧化皮、铁锈　　　　　(B)可溶性盐类　　　　　(C)油、酯等物质

(D)水和潮气　　　　　　　(E)灰尘和其他杂质

133. 酸、碱、盐三类物质的共同点是(　　　)。

(A)都含有非金属元素　　　　　　　　(B)都含有氢元素

(C)都含有原子团　　　　　　　　　　(D)都是化合物

134. 按油污对金属基体的吸附力,可分为(　　　)。

(A)中性油污　　　(B)极性油污　　　(C)非极性油污　　　(D)碱性油污

135. 下列关于氢氧化钠的说法,正确的是(　　　)。

(A)又叫苛性钠　　　　　　　　　　　(B)属强碱

(C)对钢铁无侵蚀作用　　　　　　　　(D)在常温、中温下对钢铁有侵蚀作用

136. 下列物质不能由金属与盐酸直接反应生成的是(　　　)。

(A)$MgCl_2$　　　(B)$CuCl_2$　　　(C)$ZnCl_2$　　　(D)$FeCl_3$

137. 常见油漆弊病有(　　　)。

(A)颗粒　　　　　　　(B)流挂　　　　　　　(C)缩孔

(D)发花　　　　　　　(E)针孔

138. 涂装的功能有(　　　)。

(A)保护　　　(B)装饰　　　(C)标识　　　(D)特殊功能

139. 电泳过程伴随的化学现象有(　　　)。

(A)电解　　　(B)电渗　　　(C)电泳　　　(D)电沉积

140. 抛光膏的组成有(　　　)。

(A)氧化铝　　　(B)凡士林　　　(C)蓖麻油　　　(D)肥皂

141. 涂装三要素是(　　　)。

(A)涂装工艺　　　(B)涂装材料　　　(C)涂装管理　　　(D)干燥方式

142. 影响实际附着力的因素是(　　　)。

(A)应变　　　(B)涂料粘度　　　(C)表面粗糙度　　　(D)内应力

143. 废水处理的化学法有(　　　)。

(A)中和法　　　(B)氧化法　　　(C)凝聚法　　　(D)蒸馏法

144. 涂装车间的动能一般包括(　　　)。

(A)水　　　(B)电　　　(C)压缩空气　　　(D)蒸汽

145. 涂料的组成有(　　　)。

(A)主要成膜物质　　　(B)次要成膜物质　　　(C)辅助成膜物质　　　(D)颜料

146. 电泳日常控制的参数有(　　　)。

(A)电导率　　　　　　　　　(B)pH　　　　　　　　　(C)MEQ

(D)固体分　　　　　　　　　(E)颜基比

147. 油漆气泡产生的过程为(　　　)。

(A)水分渗透　　　　(B)扩散　　　　　　(C)滞留　　　　　　(D)蒸发

148. 中国面临的环境污染类型包括(　　　)。

(A)水环境污染　　　(B)大气污染　　　　(C)固体废弃物污染　(D)噪声污染

149. 涂料成膜主要经历的阶段有(　　　)。

(A)蒸发　　　　　　(B)熔融　　　　　　(C)缩合　　　　　　(D)聚合过程

150. 涂装过程中常见的四度是(　　　)。

(A)清洁度　　　　　(B)光照度　　　　　(C)温度　　　　　　(D)湿度

151. 涂装环保要求污染物最高排放标准是(　　　)。

(A)总汞 0.05 mg/L　　　　　　　　　(B)总铬 1.5 mg/L

(C)总铅 1.0 mg/L　　　　　　　　　(D)总砷 0.5 mg/L

152. 从涂料的角度看,(　　　)聚合物作为成膜物是不合适的。

(A)具有明显结晶作用的　　　　　　(B)非晶态

(C)分子量太高的　　　　　　　　　(D)分子量分布太宽的

153. 环氧树脂漆突出的性能是(　　　)。它一般用作金属的防腐底漆,而不宜用于面漆。

(A)对金属表面的附着力强,耐化学腐蚀性好

(B)刚性强,耐热、耐磨性很好

(C)具有较好的漆膜保色性和稳定性

(D)但光稳定性差,漆膜易粉化、失光

154. 在涂料流变学中,实现理想分散的手段有(　　　)。

(A)配方　　　　　　(B)设备　　　　　　(C)工序　　　　　　(D)预处理

155. 属于光固化涂料体系的是(　　　)。

(A)自由基光固化体系　　　　　　　(B)阳离子光固化体系

(C)紫外光固化体系　　　　　　　　(D)混杂与双重光固化体系

156. 以下胺可用作环氧树脂的固化剂的是(　　　)。

(A)EDTA　　　　　(B)间苯二胺　　　　(C)聚酰胺　　　　　(D)聚酰亚胺

157. 影响聚合物材料强度的因素包括(　　　)。

(A)应变　　　　　　　　　　　　　(B)聚合物分子结构

(C)缺陷和应力集中　　　　　　　　(D)聚合物聚集态

158. 由热固性丙烯酸树脂和氨基树脂交联所制得的漆膜具备(　　　)等特性。

(A)柔韧性好　　　　(B)颜色浅　　　　　(C)光泽强　　　　　(D)室外稳定性好

159. 漆膜与基材之间通过(　　　)作用结合在一起。

(A)机械结合力　　　(B)吸附　　　　　　(C)化学键　　　　　(D)扩散

160. 下列说法正确的是(　　　)。

(A)乳化剂阻止分散相的小液滴互相凝结,使形成的乳浊液比较稳定

(B)流平剂主要的作用是减少或消除涂膜表面缺陷,如缩孔、鱼眼、桔皮和针孔

(C)防污剂防止颜料表面受污染影响色泽

(D)引发剂分解出游离基或离子而使涂料发生聚合作用而产生的固化

161. 下列说法正确的是(　　)。

(A)浸涂和淋涂适用于大批量流水线生产方式

(B)静电喷涂法主要用于粉末涂料的涂装

(C)空气喷涂比无气喷涂产生的漆雾少

(D)电泳涂装主要用于水可稀释性涂料的涂装

162. 下列设备是涂料的研磨设备的是(　　)。

(A)三辊机　　　　　　　　　　　　(B)球磨机

(C)高速盘式分散机　　　　　　　　(D)砂磨机

163. 下列为手工涂装的是(　　)。

(A)刷涂　　　　(B)滚涂　　　　(C)揩涂　　　　(D)静电喷涂

164. 涂料成膜方式分为(　　)。

(A)非转化型涂料的涂膜　　　　　　(B)热熔成膜

(C)化学反应成膜　　　　　　　　　(D)乳胶成膜

165. 涂料中溶剂的作用是(　　)。

(A)降低粘度,调节流变性

(B)控制涂料的电阻

(C)作为聚合反应溶剂,用来控制聚合物的分子量及分布

(D)改进涂料涂布和漆膜性能

166. 沥青漆的优缺点是(　　)。

(A)涂膜光亮、平滑、丰满

(B)防水性好,对酸、碱、盐、化学药品有优良的稳定性

(C)具有一定的绝缘性和装饰性

(D)沥青类防水涂料适宜在室内装修中使用

167. 增稠剂是(　　)的助剂。

(A)在制漆时使颜料在较高的粘度下研磨,有利于分散

(B)在涂料储存中,可防止颜料絮凝沉降

(C)在施工中防止发生流挂现象,并改进涂刷施工性,增加膜厚,提高丰满性

(D)促进固化反应速率

168. 高固体分涂料粘度的影响因素有(　　)。

(A)平均分子量　　(B)玻璃化温度　　(C)官能团　　(D)溶剂

169. 高固体分涂料的一般制备途径有(　　)。

(A)降低成膜物的分子量及分子量分布系数

(B)选择合适的溶剂

(C)选择适当的助剂

(D)控制聚合物的玻璃化温度

170. 空气喷枪可分为(　　)。

(A)吸上式　　　　(B)重力式　　　　(C)压力式　　　　(D)下罐式

171. 汞灯可按灯内汞蒸气高低分为(　　)三种。

(A)超低压汞灯　　　(B)低压汞灯　　　　(C)中压汞灯　　　　(D)高压汞灯

172.封闭型异氰酸酯的优点是(　　　)。

(A)减少了毒性　　　(B)增加了毒性　　　(C)不易与水反应　　(D)需要高温固化

四、判 断 题

1.涂层的弱点是有"三透性",所以只能作为时间性防腐材料。(　　　)

2.涂层厚薄程度不能作为衡量防腐蚀性能好坏的一个因素。(　　　)

3.金属在干燥条件或理想环境中不会发生腐蚀。(　　　)

4.当电解质中有任何两种金属相连时,即可构成原电池。(　　　)

5.黄铜合金中,铜作阳极,锌作阴极,形成原电池。(　　　)

6.在高温条件下,金属被氧气氧化是可逆的反应。(　　　)

7.没有水的硫化氢、氯化氢、氯气等也可能对金属发生高温干蚀反应。(　　　)

8.铁在浓硝酸中浸过之后再浸入稀盐酸,比未浸入硝酸就浸入稀盐酸更容易溶解。(　　　)

9.在金属表面涂覆油漆属于覆膜防腐法。(　　　)

10.阴极保护法通常不与涂膜配套使用。(　　　)

11.在应用阴极保护时,涂膜要有良好的耐碱性。(　　　)

12.牺牲阳极保护法中,阳极是较活泼的金属,将会被腐蚀掉。(　　　)

13.马口铁的应用是阴极保护防锈蚀法。(　　　)

14.外加电流保护法常应用在海洋中船体的保护上。(　　　)

15.光就是能够在人的视觉系统上引起明亮的颜色感觉的电磁辐射。(　　　)

16.光有时可以发生弯曲。(　　　)

17.发光的物体是光源。(　　　)

18.发亮的物体是光源。(　　　)

19.光是一种电磁波。(　　　)

20.可见光是电磁波中的一个波段。(　　　)

21.人眼对光的感受是人眼对外界刺激的一种反应。(　　　)

22.肥皂泡上的颜色就是它本身的颜色。(　　　)

23.浮在水面上的油花有五颜六色,是光发生干涉的结果。(　　　)

24.能全部吸收太阳光,物体呈白色。(　　　)

25.白色物体大部分反射了太阳光。(　　　)

26.白光部分被吸收,物体呈彩色。(　　　)

27.白色、灰色、黑色物体为消色物体。(　　　)

28.对反射率大于75%的物体称为白色。(　　　)

29.对反射率小于20%的物体称为黑色。(　　　)

30.所有光源发出的光都是一样的。(　　　)

31.物体的颜色不随环境光线变化而变化。(　　　)

32.相邻物体也会发生颜色互相影响的情况。(　　　)

33.物体距离越远颜色越鲜明。(　　　)

34. 相邻的大物体会受小物体颜色影响。(　　)

35. 物体表面越粗糙,受环境影响而发生颜色变化越小。(　　)

36. 三刺激值中用 R、G、B 分别代表红、绿、蓝三种颜色。(　　)

37. 光的三原色是红、黄、蓝。(　　)

38. 颜色的三刺激值又称为孟塞尔表色法。(　　)

39. 孟塞尔表色法是用颜色立体模型表色的方法。(　　)

40. 颜色的三属性是色调、明度和彩度。(　　)

41. 在孟塞尔颜色立体中没有黑色和白色。(　　)

42. 在孟塞尔颜色立体上所有颜色明度相等。(　　)

43. 孟塞尔彩度用某一点离中央轴的远近来表示。(　　)

44. 孟塞尔立体中明度越接近于 0 时,彩度值就越高。(　　)

45. 奥斯特瓦尔德立体呈纱锤形。(　　)

46. 奥斯特瓦尔德立体呈陀螺状。(　　)

47. 奥斯特瓦尔德立体中可用三个数字表示一种颜色。(　　)

48. 颜色的三个基本色是红、绿、蓝。(　　)

49. 间色和三原色一样都只有三个。(　　)

50. 补色是两种原色调出的间色对另一原色的称呼。(　　)

51. 浅色的物体让人感觉比深色的物体大。(　　)

52. 在调配色料时,可以把各种不同材料的颜料混在一起。(　　)

53. 涂料中,颜料的密度通常大于树脂的密度。(　　)

54. 涂料的添加剂对涂膜有多种益处,因而添加量越多越好。(　　)

55. 涂料颜色在涂装体系中表现出很强的装饰性。(　　)

56. 涂刷涂料时,为使颜色鲜艳,通常先涂深色后涂浅色。(　　)

57. 国产涂料的分类命名是按涂料的基本名称进行分类的。(　　)

58. 辅助材料不应划为涂料的一大类。(　　)

59. 两种以上混合树脂,应以在涂料中起主导作用的一类树脂进行分类。(　　)

60. 在醇酸树脂类中,油占树脂总量的 60% 以上者为中油度。(　　)

61. 涂料类别中的前四类被统称为油性涂料。(　　)

62. 国家涂料有 13 大类是合成树脂涂料。(　　)

63. 油脂类涂料都有自干能力。(　　)

64. 洋干漆不属于天然树脂类涂料。(　　)

65. 酚醛树脂类涂料中浅颜色品种较多。(　　)

66. 醇酸树脂类涂料是应用最广泛的合成树脂涂料。(　　)

67. 环氧树脂类涂料的绝缘性能很优良。(　　)

68. 热固性丙烯酸树脂类涂料具有很高的装饰性用途。(　　)

69. 油基漆俗称洋干漆,主要是指酯胶漆和钙酯漆两种。(　　)

70. 酚醛树脂类涂料可分为醇溶性酚醛树脂漆、油溶性纯酚醛树脂漆、松香改性酚醛树脂漆三种。(　　)

71. 加油沥青漆是在沥青中加入树脂和干性油混合制成。(　　)

72. 长油度醇酸树脂类涂料的干燥只能烘干。（　　）

73. 在氨基树脂中加入质量分数为 30%～50%醇酸树脂可组成氨基醇酸涂料。（　　）

74. 硝基类涂料的突出特点是干燥迅速，但不可在常温下自然干燥。（　　）

75. 纤维素类涂料，由天然纤维素经化学处理而生成聚合物为主要成膜物质的一类涂料。（　　）

76. 聚乙烯醇缩醛树脂类涂料附着力、柔韧性差。（　　）

77. 橡胶类涂料是以天然橡胶为主要成膜物质的一类涂料。（　　）

78. 磷化是大幅度提高金属表面涂层耐腐蚀性的一种工艺方法。（　　）

79. 磷化材料绝大部分为无机盐类。（　　）

80. 磷化处理材料主要成分为不溶于水的酸式磷酸盐。（　　）

81. 磷酸锌皮膜重量由膜厚决定。（　　）

82. 磷酸锌结晶厚度大的皮膜有较佳的涂膜附着力。（　　）

83. 磷酸盐皮膜的耐碱性由 P 比支配，P 比越高的皮膜在碱性液中溶解越多。（　　）

84. 磷化液的总酸度直接影响磷化液中成膜离子的含量。（　　）

85. 磷化处理方法有浸渍法和喷射法两种。（　　）

86. 促进剂是提高磷化速度的一个成分。（　　）

87. 槽液的搅拌装置是用来搅拌和加热槽液的。（　　）

88. 阳极电泳所采用的电泳涂料是带负电荷的阴离子型。（　　）

89. 电泳涂装过程伴随着电解、电泳、电沉积、电渗四种电化学物理现象。（　　）

90. 电泳涂料的泳透力可使被涂装工件的凹深处或被遮蔽处表面均能涂上涂料。（　　）

91. 电泳涂装适合所有被涂物涂底漆。（　　）

92. 阴极电泳的最大优点是防腐蚀性优良。（　　）

93. 电泳槽的出口端设有辅槽。（　　）

94. 电泳槽液自配槽后就应连续循环，停止搅拌不应超过 5 h。（　　）

95. 电泳槽内外管路都应用不锈钢管制成。（　　）

96. 静电场的电场强度是静电涂装的动力，它的强弱直接关系到静电涂装的效果。（　　）

97. 静电涂料具有"静电环抱"效应，其涂装效率可达 80%～90%。（　　）

98. 静电涂装所采用的涂料粘度一般比空气喷涂所用涂料的粘度要高。（　　）

99. 电喷枪是静电涂装的关键设备。（　　）

100. 静电粉末振荡涂装法分为静电振荡法和机械振荡法两种。（　　）

101. 静电粉末喷涂法的主要工具是静电粉末喷枪。（　　）

102. 涂料的自然干燥仅适用于挥发性涂料。（　　）

103. 对流加热是烘干的唯一加热方式。（　　）

104. 静电粉末涂装室一般都采用干室。（　　）

105. 粉末涂装回收的粉末涂料不可重新使用。（　　）

106. 取样工作是检测工作的一小步骤，可有可无。（　　）

107. 涂料取样时很随意，没有什么标准可遵循。（　　）

108. 在取样的国家标准中，将现在涂料品种分成 5 个类型。（　　）

109. 不论涂料的数量多少,取样的数目都是一定的。(　　)

110. 取样数目有 50 桶以上时,每增加 50 桶加 1。(　　)

111. 涂料取样时的工具要清洗干净,应无任何残留物。(　　)

112. 涂料取样的数量足够检验即可。(　　)

113. 取样后的样品应存在清洁干燥、密闭性好的金属小罐或磨口瓶内。(　　)

114. 涂料样品储存在大气温度下即可。(　　)

115. 涂装车间的设计是一项复杂的技术工作。(　　)

116. 涂装车间设计包括工艺设计、设备设计、建筑和公用设施设计。(　　)

117. 涂装车间设计的第一步应是设备设计。(　　)

118. 工艺设计贯穿整个涂装车间项目设计。(　　)

119. 工艺设计有时也被称为概念设计。(　　)

120. 在各专业完成总图设计之后,即可进行设备施工。(　　)

121. 工艺设计中不包含工艺说明书。(　　)

122. 工艺设计时,可以不包含"三废"治理设计。(　　)

123. 车间建成投产前的技术准备工作有时也需要由工艺设计人员来做。(　　)

124. 原始资料和设计基础数据是进行工艺设计的前提条件。(　　)

125. 原始资料应由工艺设计人员自己去实地收集整理。(　　)

126. 涂装所在地自然条件是指气候、温度、湿度、风向及大气含尘量等情况。(　　)

127. 设计依据要符合环保要求。(　　)

128. 涂装车间设计只要符合工厂标准即可。(　　)

129. 在进行旧厂房改造时,要注意完整地提供原有资料。(　　)

130. 动力能源有时被简称为"五气动力点"。(　　)

131. 生产纲领即是被涂零件的班产量。(　　)

132. 按照国家规定,工厂可一天开四班。(　　)

133. 工厂开三班时,第三班的工作时间为 7 h。(　　)

134. 目前在设计时,工厂的年时基数为 254 d。(　　)

135. 工厂的年时基数为不可变项目。(　　)

136. 现代涂装车间可把工艺过程分为主要工序和辅助工序。(　　)

137. 以客车侧端墙外部涂装为例,生产过程可简单分为刮腻子、涂底漆、涂面漆三个主要工序。(　　)

138. 涂装车间工艺就是工艺流程表。(　　)

139. 材质表面的油污对涂层是有害的。(　　)

140. 涂件表面存有酸液或碱液是导致涂装缺陷的一个因素。(　　)

141. 涂装时中间涂层是可有可无的,因为它只有增加涂层厚度的作用。(　　)

142. 涂装时中间涂层可以使面漆涂膜光滑平整、丰满度高、装饰性好。(　　)

143. 只要面漆层涂料高级,整个涂膜就会达到非常好的涂装效果。(　　)

144. 高固体分涂料施工中固体分可达到的质量分数为 70%~80%。(　　)

145. 静电喷涂主要用于形状复杂的尖边棱角或内腔等部位喷涂。(　　)

146. 湿膜厚度的测定可以代替干膜厚度的测定,没有必要测定两种厚度。(　　)

147. 相对湿度高时不应施工涂料的一个原因是溶剂不易挥发。（　　）

148. 大多数涂料施工后都有一定程度的收缩现象。（　　）

149. 现代化干膜测厚仪极其精确,不需要按规定的要求进行校准。（　　）

150. 无气喷涂设备总是采用压缩空气雾化油漆。（　　）

151. 油漆混合不好会导致漆膜浑浊,干性慢及光泽差。（　　）

152. 预涂涂层应总是采用刷涂施工。（　　）

153. 湿膜厚度可在喷涂结束后的任何时间进行测量。（　　）

154. 涂膜上的针孔可能是因为加入了太多的稀释剂或加入了错误的稀释剂而造成的。（　　）

155. VOC 与施工时所加入的油漆稀释剂无关,只与所供应的涂料有关。（　　）

156. 弧状移动喷枪会导致涂料损耗及施工厚度不均。（　　）

157. 损坏的无气喷涂软管在使用前应采用双层强力胶带包裹以保证不漏气。（　　）

158. 预涂涂层施工在自由边、角落和焊接处,以增加这些区域的漆膜厚度。（　　）

159. 用于多孔表面的涂料不应进行稀释。（　　）

160. 喷涂油漆的流体软管通常为电绝缘,以防电火花传导。（　　）

161. 使用无气喷涂设备时,厚涂料需采用小孔径喷嘴,薄涂料需采用大孔径喷嘴。（　　）

162. 湿膜厚度以梳齿仪（湿膜卡）上所显示的最后湿阶梯记数。（　　）

163. 经无气喷涂施工的涂料能较好的渗入角落、点蚀麻坑和裂缝。（　　）

164. 湿膜测厚仪是非破坏性的,决不会损坏所测量的漆膜。（　　）

165. 在现场易于控制预涂涂层的干膜厚度。（　　）

166. 检查工作不能代替适当的监督工作和合适的配套工作。（　　）

167. 施工环境的风速决不会影响涂料的施工操作。（　　）

168. 漏涂点的测试只是为了发现涂层中的针孔。（　　）

169. 检查人员可采用透明胶带试验检查喷砂清理表面上的灰尘。（　　）

170. 喷砂清理和涂料施工通常只应在表面温度至少高于露点温度3℃以上进行。（　　）

171. 使用磁性探头测厚仪时,检查人员应检查探头以保证其清洁且无杂质颗粒存在。（　　）

172. 相对湿度是空气中的含水量与其饱和状态之比。（　　）

173. 太厚或太薄的涂层通常会导致涂料的早期损坏。（　　）

174. 铜和不锈钢通常不会发生腐蚀。（　　）

175. 施工时将稀释剂加入涂料,不会影响其 VOC 额定值。（　　）

176. 漆膜过厚的涂层会产生内部应力并出现龟裂。（　　）

177. 涂层中的缩孔可能因油/油脂的存在而引起。（　　）

178. 非转化型涂料仅靠溶剂挥发而固化。（　　）

179. 涂料中加入溶剂在某种程度上是为了控制挥发速率。（　　）

180. 当底漆太厚并有针孔时,通常会出现闪锈。（　　）

五、简答题

1. 写出颜料的主要性能。
2. 常用美术型油漆有哪几种？
3. 颜料颜色的鲜艳度主要取决于什么？
4. 简述锌黄防锈底漆的防锈原理。
5. 油漆中使用的着色颜料、体质颜料，对其粒度要求多大？
6. 体质颜料在油漆中起到哪些主要作用？
7. 催干剂应控制哪些质量方面？
8. 油漆工业使用的八个色系是哪些品种？
9. 什么是酚醛磁漆？写出其组成材料及配方说明。
10. 绝缘漆分为几种类型？
11. 油漆涂膜厚度是怎样控制？
12. 简述涂膜的保护机理。
13. 简述选择喷枪的原则。
14. 怎样选择喷涂的粘度？
15. 简述机车车架油漆工艺。
16. 简述机车燃油箱油漆工艺。
17. 简述普通客车外墙板油漆涂装工艺。
18. 简述电力机车外墙板油漆涂装工艺过程。
19. 简述货车厂、段修涂漆技术要求。
20. 油漆附着力测定方法有哪几种？
21. 油漆写字字体基本型式有几种？各种字体有何特点？
22. 怎样掌握油画的基本方法？
23. 前处理废水中有哪些有害物？
24. 金属由于哪些原因引起腐蚀的？分别是什么？
25. 电蚀是怎样产生的？
26. 金属的干蚀是怎么回事？
27. 牺牲阳极保护法对材料有什么要求？
28. 物体呈现的颜色有几种情形？分别是什么？
29. 影响物体颜色有哪几种因素？
30. 什么是孟塞尔表色法？
31. 美术涂装有哪些技术特点？
32. 简述涂料的适用性。
33. 简述涂料有哪些特殊功能。
34. 高分子合成树脂包括哪几类？
35. 简述酚醛树脂的配制方法。
36. 醇酸树脂有哪些优点？
37. 简述纤维素类涂料的优缺点。

38. 聚乙烯醇缩醛树脂类涂料有何特点？

39. 热塑性丙烯酸涂料的组成及特点是什么？

40. 环氧树脂类涂料有哪些特点？

41. 橡胶类涂料有哪两个主要品种？

42. 什么是磷化处理法？

43. 磷酸锌皮膜的质量由哪些因素决定？

44. 影响磷化效果的主要因素有哪些？

45. 简述电泳涂装方法。

46. 在电泳涂装过程中伴随着哪几种现象？

47. 电泳涂装设备有哪些？

48. 简述静电喷涂法。

49. 工业上常用的电喷枪有哪些？

50. 在工业上得到应用的粉末涂装方法有哪些？

51. 静电粉末涂装设备包括什么？

52. 简述涂料的成膜过程。

53. 简述涂料产品取样的重要性。

54. 现有的涂料品种取样时分为几种类型？

55. 涂料产品取样时应注意什么？

56. 涂装车间设计时原始资料包括哪些内容？

57. 什么是工艺卡？它的作用是什么？

58. 平面布置图应包含哪些附图？

59. 涂装车间设备管理应注意什么？

60. 简述车间的 5S 管理内容。

61. 国内外常用的涂装方法有几种？

62. 高压无气喷涂法有哪些优缺点？

63. 常用的脱脂方法有哪几种？其原理是什么？

64. 简述电泳涂膜干燥性的测试方法。

65. 黑色金属常用的除锈方法有哪些？

66. 何为涂层的打磨性？

67. 何谓阴极电泳涂装？其过程伴随哪些反应？

68. 高固体分涂料有什么特点？

69. 涂装后涂膜保养应注意什么问题？

70. 说明下列符号的意义：(1)H；(2)2H；(3)H_2；(4)$2H_2$。

六、综 合 题

1. 简述碱浓度的概念及其测试方法。

2. 简述磷化液的总酸度、游离酸度、酸比的测定方法。

3. 简述电泳涂膜再溶性的测定方法。

4. 简述涂料产生沉淀与结块的原因及防治措施。

5. 简述阴极电泳涂装的优点。

6. 简述国内外阴极电泳涂装的应用现状及发展动向。

7. 简述高红外快速固化技术的应用现状及发展动态。

8. 简述反渗透(RO)技术的原理。

9. 现涂刷客车外顶板需要 65 kg 的中灰醇酸漆,问配制此种油漆需要白色醇酸漆和黑色醇酸漆各多少千克?(已知白色醇酸漆和黑色醇酸的比例为 3∶2)

10. 选用铝粉油漆涂刷内燃机机房墙板一侧,长 16 m,高 3 m,则需要多少千克铝粉油漆?(已知每千克铝粉油漆能涂刷 16 m²)

11. 一辆内燃机车,需要涂刷奶白色醇酸磁漆 28 m²,桔红色醇酸磁漆 30 m²,淡灰色醇酸磁漆 50 m²,则需各色油漆多少公斤?(已知各色醇酸漆每千克能涂刷 18 m²)

12. 喷涂保温车外墙板奶白色醇酸磁漆 120 m²,则需要此种油漆多少千克?(已知奶白色醇酸磁漆每千克能涂刷 18 m²)

13. 做耐盐水试验需要配制 3% 氯化纳(食盐)750 g,则需要氯化钠和水各多少克?

14. 油漆样板耐酸试验,要用浓度为 37% 的浓盐酸(比重为 1.19)配制 2 g 分子浓度的盐酸溶液 500 mL,问需要盐酸多少毫升?

15. 用灰色醇酸磁漆涂刷直径为 500 mm、高度 13 m 的通风筒的表面,通风筒附带两个通风帽,问需要多少油漆?(已知通风帽圆锥形直径为 860 mm,母线长 540 mm,灰色醇酸磁漆用量为每千克 20 m²)

16. 现有薄钢板 50 块,形状为一直径 0.8 m 的圆,问单面需要涂磁化铁防锈底漆一道,干后再涂刷灰色醇酸磁漆两道,则需要磁化铁防锈底漆和灰色醇酸磁漆各多少?(已知磁化铁防锈底漆用量为 60 g/m²,灰醇酸磁漆为 50 g/m²)。

17. 现有 0.1 mm 厚梯形铝板一块,尺寸为上底 0.1 m,下底 0.2 m,高 0.15 m,计 250 件,尚要喷涂锌黄环氧底漆一道,再喷涂奶黄色氨基醇酸磁漆一道,请计算需要锌黄环氧底漆和氨基醇酸磁漆各多少?(已知锌黄环氧底漆用量为 60 g/m²,奶黄色氨基醇酸磁漆用量为 80 g/m²)

18. 现有油漆 300 g,固体含量为 53.1%,涂刷面积为 3.045 m²,油漆厚度为多少微米?(已知漆膜干燥后的密度为 1.107 g/cm²)

19. 以氧原子为例,说明构成原子的微粒有哪几种?它们怎样构成原子?为什么整个原子不显电性?

20. 利用在空气里燃烧的方法生成氧化锌(ZnO),制得氧化锌的质量比金属锌大了,请解释这种现象,并写出化学反应方程式。

21. 写出下列化学反应方程式:

(1)镁在氧气里燃烧生成氧化镁。

(2)碳酸氢铵(NH_4HCO_3)分解成氨气(NH_4)、二氧化碳(CO_2)和水(H_2O)。

(3)硫在氧气里燃烧生成二氧化硫。

(4)甲烷(CH_4)在氧气里燃烧生成二氧化碳和水。

22. 静电喷涂法有哪些优缺点?

23. 如何正确选择涂装方法?

24. 何谓电泳涂装?阳极电泳和阴极电泳的分类依据是什么?

25. 何谓涂装前表面预处理?其目的是什么?

26. 常用除旧漆的方法有哪些？

27. 简述刷涂法的优缺点。

28. 简述浸涂法适用于哪些涂料。

29. 简述电泳过程中涂膜产生桔皮的原因及防治方法。

30. 涂装生产为什么要注意安全和个人防护？

31. 高空涂装作业时需要注意哪些安全事项？

32. 涂膜烘干过程中的安全措施有哪些？

33. 涂装生产时为什么要注意防火？

34. 涂装用的底层涂料应具有哪些特点？

35. 油漆储存一段时间后粘度突然增高的原因是什么？如何消除？

涂装工(高级工)答案

一、填 空 题

1. 成膜物质	2. 基本名称	3. 序号	4. 17
5. 辅助材料	6. 主要成膜物质	7. 涂料涂装	8. 化学腐蚀
9. 物理	10. 喷粉枪	11. 紫	12. 保护木器
13. HgS	14. 良好的绝缘性	15. 皱纹漆	16. 缓蚀作用
17. 吸水膨胀	18. 乳胶漆	19. 划格法	20. 有机颜料
21. 侧墙	22. 普通色定	23. 潮湿泛白	24. 镉黄
25. 棉球法	26. 40 μm	27. 分散和附着	28. 622~770 nm
29. 铁蓝	30. 100	31. 漆膜流平性好	32. 覆盖漆
33. 纯苯	34. 700	35. PbCrO$_4$	36. 电解
37. 正楷字	38. 非离子表面活性剂	39. 酸	40. 5℃~35℃
41. 表面干燥	42. 流出法	43. 高装饰性	44. 成分
45. ZnS	46. 低沸点	47. 颜色	48. 高压法
49. 字体结构	50. 压痕	51. 红	52. 0.2~0.3
53. 基底	54. 钝态	55. 固体分	56. 100
57. 低电压高气压	58. 辐射热量	59. 压缩空气	60. 感光
61. 辉光放电	62. 阴极脱脂	63. 活性游离基	64. 热变形
65. 聚乙烯	66. 两	67. 高压水	68. 高压水
69. 附着力	70. 淋涂	71. 超滤膜	72. 绝缘
73. 高压静电	74. 加热器	75. 小	76. 高
77. 脉冲电流	78. 高	79. 喷枪	80. 带电
81. 性能	82. 流平性	83. 类别	84. 120~180 目
85. 光谱	86. 深浅不同的颜色	87. 光源	88. 色立体
89. 颜色	90. 遮盖力	91. 任何颜色	92. 紫色
93. 补色	94. 复色	95. 消色	96. 主要依据
97. 先调小样	98. 着色颜料	99. 浅黄	100. 铁青蓝
101. 浅黄	102. 大红	103. 花纹图案	104. 锤纹漆
105. 锤纹漆	106. 使用环境条件	107. 光泽	108. 结合力
109. 失光	110. 色带	111. 光线照射	112. 导电
113. 有色彩类	114. 有色彩类	115. 色相	116. 间色
117. 复色	118. 变浅	119. 变深	120. 涂饰
121. 涂膜	122. 相等	123. 色相	124. 0.4

125. 电泳涂装	126. 厚度	127. 表干	128. 颜色
129. 涂料耗量	130. 细度	131. 磁性	132. 国际标准化组织
133. 检测	134. 回粘	135. 重锤	136. 静电喷涂
137. 易燃	138. 电泳	139. 氢氧化钠	140. 火花
141. 吸附	142. 闪点	143. 呼吸	144. 粉末
145. 中和	146. 一	147. 种类	148. 溶解
149. 水	150. 增加	151. 咬底	152. 色料
153. 酸蚀	154. 油料	155. 颜料	156. 腻子
157. 油料	158. 表面预处理	159. 附着力	160. 湿度
161. 升温	162. 光泽	163. 喷涂效率	164. 下降
165. 过厚	166. 脱脂剂	167. 有机溶剂型	168. 废气
169. 20~60	170. 100	171. 正压	172. 一道
173. 烘干	174. 150℃	175. 面漆	176. 结合力
177. 光泽	178. 剥落	179. 游离酸度	180. 化学作用
181. 固态	182. 非金属涂装	183. 实际干燥	184. 装饰作用
185. 厘米	186. 桔皮	187. 失光	188. 固化剂
189. 气压大	190. 虚喷	191. 100	192. 打圈

二、单项选择题

1. C	2. D	3. D	4. A	5. A	6. C	7. D	8. C	9. B
10. A	11. B	12. C	13. A	14. C	15. D	16. C	17. B	18. D
19. A	20. C	21. B	22. A	23. C	24. D	25. B	26. A	27. B
28. C	29. D	30. A	31. B	32. A	33. B	34. D	35. C	36. A
37. A	38. C	39. B	40. C	41. B	42. D	43. A	44. D	45. D
46. A	47. C	48. C	49. B	50. D	51. B	52. D	53. C	54. A
55. B	56. A	57. A	58. A	59. D	60. A	61. B	62. D	63. B
64. D	65. C	66. A	67. B	68. A	69. C	70. A	71. C	72. C
73. C	74. B	75. D	76. D	77. D	78. C	79. C	80. C	81. A
82. A	83. D	84. B	85. D	86. A	87. C	88. C	89. C	90. D
91. C	92. A	93. C	94. D	95. B	96. A	97. C	98. D	99. B
100. A	101. D	102. C	103. B	104. B	105. D	106. A	107. D	108. B
109. D	110. A	111. B	112. B	113. D	114. C	115. B	116. D	117. A
118. C	119. C	120. A	121. C	122. B	123. A	124. D	125. B	126. C
127. D	128. C	129. B	130. A	131. C	132. B	133. D	134. B	135. C
136. D	137. B	138. C	139. B	140. A	141. C	142. B	143. C	144. B
145. A	146. B	147. A	148. B	149. C	150. D	151. D	152. C	153. A
154. B	155. B	156. C	157. C	158. C	159. A	160. C	161. D	162. B
163. C	164. A	165. A	166. B	167. B	168. C	169. B	170. D	171. D
172. D	173. C	174. D	175. D	176. C	177. B	178. D	179. D	180. C

181. D　　182. C　　183. A　　184. D　　185. A　　186. A　　187. C　　188. C　　189. D
190. C　　191. B　　192. B　　193. A　　194. C

三、多项选择题

1. ABC	2. ACD	3. BCD	4. ABD	5. CD	6. ABC
7. ACD	8. BCD	9. BCD	10. ABD	11. BCD	12. AD
13. BCD	14. ABC	15. ABD	16. BCD	17. ABC	18. ABCD
19. BC	20. BCD	21. ABCD	22. ABCD	23. ABCD	24. ABCD
25. BCD	26. ABCD	27. CD	28. ABCD	29. ABCD	30. ABCD
31. ABD	32. ABCD	33. ABCD	34. ABCD	35. ABCD	36. ABCD
37. ABCD	38. BD	39. ABCD	40. ABCD	41. ABCD	42. ABCD
43. BCD	44. ABC	45. ABC	46. ABCDEF	47. ABCD	48. ABCD
49. BD	50. BC	51. ABCDE	52. BC	53. ABCDE	
54. ABC	55. ACD	56. ABD	57. AB	58. AD	59. ABD
60. BD	61. BCD	62. ABCD	63. ABCDE	64. ABC	65. ABCD
66. ABCDE	67. ABC	68. AB	69. ABD	70. CD	71. ABC
72. ACD	73. ABC	74. AD	75. ABD	76. AB	77. ABCD
78. ABC	79. BCD	80. ABC	81. ABC	82. ABC	
83. ACD	84. ABCD	85. ABD	86. CD	87. BCD	88. ABD
89. ABCD	90. ABCD	91. ABCD	92. BD	93. BD	94. ABC
95. ABD	96. ABCDE	97. ABC	98. ABCD	99. ABCD	100. ABCD
101. ABCD	102. A B	103. ABCD	104. ABCD	105. ABCD	106. ABCD
107. ABC	108. AB	109. ACD	110. ABCD	111. ABC	112. ACD
113. AB	114. AD	115. ABC	116. ABC	117. ABCD	118. ABC
119. AB	120. ABCD	121. ABCD	122. ABC	123. ACD	124. ABCD
125. ABC	126. ABC	127. ABC	128. ABC	129. ABCD	130. ABC
131. ABCD	132. ABCDE	133. ACD	134. BC	135. AB	136. BD
137. ABCDE	138. ABCD	139. ABCD	140. ABCD	141. ABC	142. BCD
143. ABC	144. ABCD	145. ABC	146. ABCDE	147. ABCD	148. ABCD
149. ABCD	150. ABCD	151. ABCD	152. ACD	153. ABCD	
154. AB	155. ABD	156. ABC	157. BCD	158. ABCD	159. ABCD
160. ABCD	161. ABD	162. ABCD	163. ABC	164. ABCD	165. ABCD
166. ABC	167. ABC	168. ABCD	169. ABC	170. ABC	171. BCD
172. AC					

四、判 断 题

1. √	2. ×	3. ×	4. ×	5. ×	6. √	7. √	8. ×	9. √
10. ×	11. √	12. √	13. ×	14. √	15. √	16. ×	17. √	18. ×
19. √	20. √	21. √	22. ×	23. √	24. ×	25. ×	26. √	27. √

28.√	29.×	30.√	31.×	32.√	33.×	34.×	35.√	36.√
37.×	38.×	39.√	40.√	41.×	42.√	43.√	44.×	45.√
46.×	47.√	48.×	49.√	50.√	51.√	52.×	53.√	54.×
55.√	56.×	57.√	58.√	59.√	60.√	61.√	62.√	63.√
64.×	65.×	66.√	67.√	68.√	69.√	70.√	71.√	72.√
73.×	74.√	75.√	76.√	77.√	78.√	79.√	80.×	81.√
82.×	83.×	84.√	85.√	86.√	87.√	88.√	89.√	90.√
91.√	92.√	93.√	94.√	95.√	96.√	97.√	98.√	99.√
100.√	101.√	102.×	103.×	104.√	105.×	106.×	107.×	108.√
109.√	110.√	111.√	112.√	113.√	114.×	115.√	116.√	117.√
118.√	119.√	120.√	121.√	122.√	123.√	124.√	125.√	126.√
127.√	128.√	129.√	130.√	131.√	132.√	133.√	134.√	135.√
136.√	137.√	138.√	139.√	140.√	141.√	142.√	143.√	144.√
145.×	146.√	147.√	148.√	149.√	150.√	151.√	152.√	153.√
154.√	155.√	156.√	157.√	158.√	159.√	160.√	161.√	162.√
163.×	164.√	165.√	166.√	167.√	168.√	169.√	170.√	171.√
172.√	173.√	174.×	175.×	176.√	177.√	178.√	179.√	180.×

五、简 答 题

1. 答:颜色、着色力、遮盖力、分散度、耐光性和耐候性。(每个 1 分,答出 5 个即可)

2. 答:常用美术型油漆有:皱纹漆、锤纹漆、桔纹漆、透明漆、金属闪光漆、花纹漆、美术型粉末涂料等不同类型和品种。(每个 1 分,答出 5 个即可)

3. 答:颜料的鲜艳度主要决定于颜料颗粒的分布均匀度(4 分)。大小比较均匀、整齐,色泽就比较鲜艳;颜料颗粒太小或太大,都会降低颜料的光学效应(1 分)。

4. 答:锌黄防锈底漆的防锈能力,主要是锌黄中的铬酸锌和钢铁结合,生成铬酸铁,覆盖在钢铁表面,使钢铁的化学性能变得迟缓,不能产生化学的锈蚀,$3ZnCrO_4 + 2Fe \longrightarrow Fe_2(CrO_4)_3 + 3Zn$(4 分)。此外,锌的电极电位比铁高,对铁来说它是正极。因此,它也是保护钢铁使之不被锈蚀的原因之一(1 分)。

5. 答:一般着色颜料直径为 $0.1 \sim 1\ \mu m$,细的为 $0.01 \sim 0.2\ \mu m$(2.5 分)。一般粗的体质颜料直径为 $2 \sim 30\ \mu m$,细的为 $1 \sim 5\ \mu m$(2.5 分)。

6. 答:主要有下列几点作用:(1)增加颜料的体积比;(2)为底漆增加表面粗糙度;(3)改善油漆涂刷性能;(4)控制油漆的粘度,减少油漆的光泽;(5)改进油漆中颜料的悬浮性;(6)降低经济成本。(每项 1 分,答出 5 个即可)

7. 答:应控制下列几个方面:(1)颜色:金属皂和金属皂液的颜色都应检查;(2)外观:观察是否含有杂质;(3)含水量:检查结晶水或混入的水;(4)溶解情况:按比例溶于油中,或观察溶液的透明度;(5)纯度:分析金属含量;(6)催干能力。(每项 1 分,答出 5 个即可)

8. 答:油漆工业使用的八个色系是:(1)红色系统:大红、铁红、酞菁红(1 分);(2)紫红系统(紫是原色,不是以蓝+红):甲基胺紫、酞菁紫(0.5 分);(3)黄色系统:浅、中、深铬黄,深、浅沙黄,深、浅镉黄(0.5 分);(4)蓝色系统:铁蓝、酞菁蓝(0.5 分);(5)白色系统:锌钡白、钛白(1 分);(6)黑色系统:硬质炭黑、软质炭黑、色素炭黑、松烟(0.5 分);(7)绿色系统:酞菁绿、氧化铬绿(0.5 分);(8)橙色系统:铝铬橙(0.5 分)。以上八大色素相互调配,可以产生以千万计的不同颜色的复色。

9. 答:酚醛磁漆是以酚醛树脂及干性油制成的油基漆料,加入颜料和少量体质颜料经研制而成的,由于使用颜料的色彩不同,而制成各色磁漆(1 分),其组成材料如下:松香改性酚醛树脂、甘油松香脂、钙脂、桐油、松香酸铅皂、亚麻厚油、松香水(2 分)。配方说明:树脂:油=1:2.4(0.5 分),桐油:亚麻油=3:1(0.5 分),粘度(涂-4 杯)130~180 s(0.5 分),固体分为56%(0.5 分)。

10. 答:绝缘漆根据用途分为四种类型:(1)漆包线漆(1 分);(2)浸渍漆:浸渍电线、电器、电机线圈等(2 分);(3)覆盖漆:用于涂刷电机线圈、电工器材表面(1 分);(4)胶粘漆:用于粘接各种绝缘材料(1 分)。

11. 答:通常油漆涂膜控制厚度数据见表1(每项 1 分)。

表 1 油漆涂膜控制厚度

序 号	涂 装 等 级	控制厚度(μm)
1	一般性涂层	80~100
2	装饰性涂层	100~150
3	保护性涂层	150~200
4	耐磨性涂层	250~350
5	高固体分厚涂层	700~1 000

12. 答:涂膜基于三个方面的作用,才能达到保护的目的:(1)屏蔽作用:涂膜作为屏障将金属与外界环境隔离,阻滞腐蚀介质对金属的作用(2 分);(2)缓蚀作用:借油漆内部的化学组分与金属反应,使金属表面纯化或形成保护膜,阻止外界介质渗透到内部所引起的腐蚀(2 分);(3)电化学作用:油漆组分中某种金属及其氧化物、盐类如锌对主体金属钢铁表面能起牺牲阳极的保护作用(1 分)。

13. 答:在选择喷枪时,除了工作条件以外,主要是从喷枪本身的大小和重量(2 分)、涂料供给的方式(2 分)和喷枪喷嘴的口径(1 分)等三个方面考虑。

14. 答:选择喷涂使用油漆粘度,要根据油漆的类型、材质、被涂物的形态、难易情况而选择(2 分),一般在常温条件下(25℃)底漆粘度在 18~20 s 之间(1 分),面漆在 20~28 s 之间(涂-4 杯)(1 分)。粘度配好之后,宜用 120~180 目铜丝网过滤(1 分)。

15. 答:干燥机车构架表面处理(除锈、除油、除污)(1 分)→喷涂铁红醇酸防锈底漆(2 分)→喷灰醇酸磁漆(2 分)。

16. 答:燃油箱表面处理(除锈、除油、除污)(1 分)→喷涂铁红醇酸防锈底漆(如需涂刷阻尼浆者,再涂刷阻尼浆)、干燥(2 分)→整个燃油箱的外表面喷涂灰色醇酸磁漆、干燥(2 分)。

17. 答:普通铁路客车包括硬卧车、硬座车、行李车、餐车等常用车辆,其工艺流程如下:抛丸除锈(0.5 分)→清砂(0.5 分)→涂第一道防锈底漆、待干(0.5 分)→喷涂二道防锈底漆、待干(0.5分)→涂刮一道腻子、待干、铲棱(0.5分)→涂刮二道腻子、待干、铲棱(0.5分)→涂刮三、四道腻子、待干、打磨(0.5分)→挤稀腻子、待干、打磨(0.5分)→湿碰湿喷涂二道面漆、待干(0.5分)→喷涂腰带及各种标记(0.5分)。

18. 答:电力机车外墙板油漆涂装工艺如下:抛丸除锈(0.5分)→涂装防锈底漆、干燥(0.5分)→涂刮一道腻子、干燥、铲棱(0.5分)→涂刮二道腻子、干燥、铲棱(0.5分)→涂刮三、四道腻子、水磨(0.5分)→找补腻子、水磨(0.5分)→喷涂中间层油漆(0.5分)→全车满刮一道稀腻子(0.5分)→水磨→机头糊纸→喷涂一道面漆(0.5分)→糊纸喷涂各色油漆→干后撕纸→喷涂各种标记(0.5分)。

19. 答:技术要求如下:(1)车体及底架露出、油漆脱落时,应刮除锈皮,涂刷面漆。保温车底架及转向架须除锈。水泥车入孔口,卸货口附近,保温车底架均须涂防锈漆,后涂面漆。保温车转向架须涂清油(2分)。(2)棚车新换的外层木板,门板枘榫须刷清油,新换单层侧、端木板枘榫处,须涂刷熟桐油,或其他相似油料代用(1分)。(3)新换侧、端、门、顶板的外侧或守车、保温车内侧墙、顶板、桌、椅子、门、窗及框等,应按原色涂漆,棚车内侧墙、顶板可不涂漆(1分)。(4)新造车或厂修后第二个段修时,保温车车体外部按原色漆涂刷一道(1分)。

20. 答:油漆附着力测定方法有:(1)划格法(2分);(2)画圈法(2分);(3)拉开法(1分)。

21. 答:油漆字体型式有四种:(1)正楷字:常见字体,特点是单划有细、有粗,起落笔有顿挫(2分);(2)老仿宋体:特点是正方字,单划是横细有粗(1分);(3)黑体字:特点是方头粗体,笔划一致(1分);(4)宋体:特点是笔划粗细一致,起落笔均有笔触,表现出笔力(1分)。

22. 答:油画是具有最高表现力的一种绘画艺术,要求具备足够的素描基础和色彩的充分认识才能画好油画(1分)。(1)工具的选择:笔、画板、画布、调色油(2分)。(2)先画好素描,再上油彩,油彩以淡为主,逐步加深,画时起落笔要沉着,用色必须有一定的厚度,切勿来回拖动,一笔之中有软、硬、轻、重的变化(2分)。

23. 答:废水中含有酸(1分)、碱(1分)、金属盐(1分)、重金属离子(2分)等物质。

24. 答:金属腐蚀有内部原因和外部原因,但主要是内部原因起作用。内部原因主要有:(1)金属较活泼,电极电位较负(0.5分);(2)有氧化膜的金属,氧化膜脱落(0.5分);(3)金属化学成分不均匀(0.5分);(4)金属表面物理状态不均匀(0.5分)。外部原因主要有:(1)湿度较大,金属表面形成水膜产生腐蚀(0.6分);(2)金属表面受空气中污染物的腐蚀(0.6分);(3)四季、早晚等温度变化引起腐蚀(0.6分);(4)受化学品的腐蚀(0.6分);(5)生产加工中污染腐蚀(0.6分)。

25. 答:在接近地面的土壤中,通常存在着各种可溶性的电解质(1分),还有有轨电车的钢轨和电气设备、无线电、收发报机、电视天线等设备的接地线,都可能把电流带到土壤中(2分),使埋在土壤中的金属管道,或其他金属物成为电极(1分),它们的阳极区会被杂散电流腐蚀,称为电蚀(1分)。

26. 答:在某些情况下,金属的腐蚀即使没有水分存在也会发生,特别是高温情况下,腐蚀是很严重的(3分)。没有水分参加反应而发生的金属腐蚀现象称为干蚀(2分)。

27. 答:作为牺牲阳极的材料要能满足如下要求:(1)阳极的电位要足够的负,即驱动电位要大(1分);(2)在整个使用过程中,阳极极化要小,表面不产生高电阻,并保持相当的活性(1分);(3)阳极要有较高的电化当量,即单位质量发生的电量要大(1分);(4)阳极自溶量要小,电流效率要高(1分);(5)材料来源丰富,便于加工(1分)。

28. 答:物体呈现的颜色大体上可分为两种情况:一种是光在物体表面产生干涉的现象而呈现的颜色,例如水面上的油花、肥皂泡等,用这种方法产生颜色不方便又不易控制(3分);另一种是物体对光有选择性的吸收、反射、透射而产生颜色(2分)。

29. 答:影响物体颜色的因素有:(1)光源的影响;(2)光源照度的影响;(3)环境色的影响;(4)视距远近的影响;(5)物体大小的影响;(6)物体表面状态影响。(每个1分,答出5个即可)

30. 答:孟塞尔表色法是美国色彩学家和美术教育家孟塞尔在1905年创立的(1分),是用一个三维空间类似球体的模型(1分),把各种颜色的三属性——色调、明度和彩度全部表示出来(2分)。在模型中的每一部位代表一个特定颜色,并给出一定符号(1分)。

31. 答:美术涂装的技术特点有如下几点:(1)高装饰性(1分);(2)涂装前表面预处理要求严格(1分);(3)涂装环境要求高(1分);(4)具有一定的保护性(1分);(5)可实现机械化、自动化的流水生产(1分)。

32. 答:涂料的适应性特别强,既能对金属材料及其制品进行涂装(1分),又可对合金制品及非金属材料,例如橡胶、陶瓷、皮革、塑料、木材等的表面进行涂装(2分),而且不受产品的形状、大小、轻重等条件的限制和影响(2分)。

33. 答:涂料有耐高温、耐低温、伪装、示温、防毒、防震、防污、抗红外线辐射、防燃烧、密封、绝缘、导电、抗气流冲刷等多种多样的特殊功能。(每个0.5分,答出10个即可)

34. 答:包括醇酸树脂类、氨基树脂类、硝基类、纤维素类、过氯乙烯树脂类、乙烯树脂类、丙烯酸树脂类、聚酯树脂类、环氧树脂类、聚氨酯树酯类、有机硅树脂类、橡胶类和其他类,共十三大类。(每个0.5分,答出10个即可)

35. 答:酚醛树脂类涂料,是以酚醛树脂和改性酚醛树脂为主要成膜物质(1分),加入桐油和其他干性油经混炼后(1分),再加入颜料、催干剂、有机溶剂和其他辅助材料混合调制而成的一类涂料(3分)。

36. 答:醇酸树脂类涂料的优点是干燥成膜后涂膜柔韧光亮、附着力好、耐摩擦,不易老化,同时耐久、耐候性好。经烘烤后,涂膜的耐水性、耐油性、绝缘性、耐候性以及硬度、柔韧性都有明显提高。(每个0.5分,答出10个即可)

37. 答:优点是涂膜干燥速度快、硬度高,坚韧耐磨,耐水、耐久、耐候性良好,具有一定的保光保色性,易于修补和保养,不易变色泛黄(3分)。缺点是涂料中固体分含量低,施工时需涂多道,溶剂挥发大并有一定毒性(2分)。

38. 答:其特点是具有其他乙烯树脂类涂料少有的附着力(0.5分)、柔韧性(0.5分)、耐热性(0.5分)和耐光性(0.5分),涂膜硬度高(0.5分)、透明性好(0.5分)、耐寒(0.5分)、绝缘性好(0.5分)、有较强的粘结性(0.5分)、力学性能好(0.5分)。

39. 答:热塑性丙烯酸涂料是由热塑性丙烯酸树脂为主并加入增韧剂而成的一种涂料(3分),靠溶剂挥发而干燥,属于高档涂料。其特点是常温下干燥较快,保光、保色、耐候性好(2分)。

40. 答:环氧树脂类涂料具有独特的附着力强和耐化学腐蚀的优良性能(1分),特别是对金属表面的附着力更强,还具有极佳的耐水、耐酸碱性(1分),优良的电绝缘性(1分),涂膜坚硬耐磨(1分),柔韧性好(1分)。

41. 答:橡胶类涂料有以天然橡胶衍生物经氯化而得的氯化橡胶涂料(2.5分)和以合成橡胶调制而成的氯丁橡胶涂料(2.5分)为代表类型的两个主要品种。

42. 答:磷化处理是把金属表面清洗干净,在特定的条件下,让其与含磷酸二氢盐的酸性溶液接触(3分),进行化学反应生成一层稳定的不溶的磷酸盐保护膜层的一种表面化学处理方法(2分)。

43. 答:磷酸锌皮膜的质量由结晶的形状、膜厚及孔隙率决定(2分)。对于孔隙率一定的柱状结晶,皮膜越厚其质量越大(2分),但皮膜厚度一定时,孔隙率较小的柱状结晶比孔隙率较大的柱状结晶的皮膜质量较大(1分)。

44. 答:影响磷化效果的主要因素有:(1)磷化工艺参数(1分);(2)磷化设备和工艺管理因素(2分);(3)促进剂因素(1分);(4)被处理钢材表面状态(1分)等。

45. 答:电泳涂装是以水溶性涂料和去离子水(或蒸馏水)为稀释溶剂,调配成槽液(1分),将导电的被涂物浸渍在槽液中作为阳极(或阴极),另在槽液中设置与其相对应的阴极(或阳极),在两极间通以一定时间的直流电(2分),在被涂物表面上即可沉淀一定厚度、均一、不溶于水的涂膜的一种涂装方法(1分)。然后再经烘干,最终形成附着力强、硬度高、有一定光泽、耐腐蚀性强的致密涂膜(1分)。

46. 答:电泳涂装过程伴随着电解、电泳、电沉积、电渗等四种电化学物理现象(5分)。

47. 答:电泳涂装设备包括:电泳槽、贮槽、槽液循环过滤系统、超滤(UF)系统、致冷系统、直流电源和供电系统、涂料补给系统、电泳后冲洗装置、电气控制柜、电泳涂装室、电极和极液循环系统以及电泳烘干室、强冷室、纯水设备等。(每个0.5分,答出10个即可)

48. 答:静电喷涂法是以接地的被涂物为阳极,涂料雾化器或电栅为阴极(1分),接上负高压电,在两极间形成高压静电场(1分),阴极产生电晕放电,使喷出的涂料粒子带电,并进一步雾化(1分),按照同性排斥、异性相吸的原理,使带电的涂料粒子在静电场的作用下沿电力线的方向吸往被涂物,放电后粘附在被涂物上(1分),并能在被涂物背面的部分表面上靠静电环抱现象也能涂上涂料(1分)。

49. 答:工业上常用的电喷枪种类有:离心式静电雾化式喷枪、空气雾化式电喷枪、液压雾化式电喷枪、静电雾化式电喷枪和振荡式静电雾化器。(每个1分)

50. 答:在工业上得到应用的粉末涂装方法有:靠熔融附着的熔射法(1分)、流化床浸渍法(0.6分)、喷涂法(0.6分)、靠静电引力附着的静电粉末喷涂法(1分)、静电流化床浸渍法(0.6分)、静电粉末振荡涂装法(0.6分)、静电粉末雾化法(0.6分)。

51. 答:静电粉末涂装设备主要包括:粉末涂装室、供粉装置、粉末回收装置、粉末静电喷涂工具、高压静电发生器等。(每个1分)

52. 答:涂料由液态(或粉末态)变为固态,在被涂物表面上形成薄膜的过程称为涂料的成膜过程(1分)。液态涂料靠溶剂的挥发、氧化、缩合、聚合等物理或化学作用成膜(1分)。粉末涂料靠熔融、缩合、聚合等物理或化学作用成膜(1分)。在成膜中起主导作用的过程,取决于涂料的类型、结构和组分(2分)。

53. 答:涂料产品的取样用于检测涂料产品本身以及所制成涂膜的性能(1分)。取样是为了得到适宜数量品质一致的测试样品,要求所测试的样品具有足够的代表性(2分)。取样工作是检测工作的第一步,非常重要,取样正确与否直接影响到检测结果的准确性(2分)。

54. 答:根据现有的涂料品种,它们可分为以下五个类型:A型为单一均一液相的流体,如清漆和稀释剂;B型为2个液相组成的流体,如乳液;C型为1个或2个液相与1个或多个固相一起组成的流体,如色漆和乳胶漆;D型为粘稠状液体,由1个或多个固相带有少量液相所

组成,如腻子、原浆涂料和用油或清漆调制的颜色色浆,也包括粘稠的树脂状物质;E型为粉末状固体,如粉末涂料。(每项1分)

55. 答:涂料产品取样时应注意以下几点:(1)取样时所用的工具、器皿等均应仔细清洗干净,金属容器内不允许有残留的酸、碱性物质(1分);(2)所取的样品数量除足以提供规定的全部试验项目检验用以外,还应有足够的数量做储存试验,以及在日后需要时可对某些性能做重复试验用(2分);(3)样品一般应放在清洁、干燥、密闭性好的金属小罐或磨口玻璃瓶内,贴上标签,注明生产批次及取样日期等有关细节,并储存在温度没有较大变动的场所(2分)。

56. 答:涂装车间设计时所需原始资料包括:自然条件、地方法规、工厂标准、厂房条件、动力能源、工厂状况、产品资料等七项。(每个1分,答出5个即可)

57. 答:在某些情况下,工艺设计师在完成工艺设计、平面设计后,还要编写生产准备用工艺卡(或称涂装工序卡)(2分),它比工艺流程表更为详细地说明工序内容、使用设备和材料情况、工艺管理要点以及质量检查要求等。它是涂装车间进行生产准备工作的依据(3分)。

58. 答:平面布置图应包括平面图(1分)、立面图(1分)和剖面图(1分)。必要时,还要画出涂装车间在总图中的位置(1分)。如果一张图不能完全反映布置情况,可用2张或3张图,原则上是使看图的人能很容易了解车间全貌(1分)。

59. 答:涂装车间设备管理应注意如下几项:(1)关键设备应具有操作规程(起动、转移和关闭等操作顺序及注意事项,技术状态优良的标准等)(2分);(2)各台设备应有专人负责,工长、调整工或操作人员、机动维修人员,都应定期检查设备运转情况,并做好记录(2分);(3)应编制主要关键设备的检修和保养计划,做到定期检修和保养(1分)。

60. 答:所谓车间的5S管理是指整理、整顿、清扫、清洁和素养。整理:是指对生产现场将要与不要的物件分开,去掉不必要的东西。整顿:是指对生产现场将要的物质定位定量,把杂乱无章的东西收拾得井然有序。清扫:是把生产现场清扫得干干净净。清洁:将以上3S实施的做法制度化、规范化,维持其成果。素养:培养文明礼貌习惯,按规定行事,养成良好的工作习惯。(每项1分)

61. 答:国内外常用的涂装方法有刷涂、浸涂、淋涂、辊涂、刮涂、空气喷涂、高压无气喷涂、电泳涂装、静电喷涂、粉末涂装等。(每项0.5分)

62. 答:优点是:应用范围广,涂装效率高,涂料利用率高,环境污染小,涂装覆盖率高(3分)。缺点是:操作时喷幅和吐出量不能调解,必须更换喷嘴来实现,涂装质量不高,不适于薄层装饰性涂装(2分)。

63. 答:常用的脱脂方法有碱液清洗法、表面活性剂清洗法、有机溶剂清洗法等(2分)。其原理是借助于溶解力、物理作用力、界面活性力、化学反应力、吸附力等,来清除被涂物上的油污(3分)。

64. 答:电泳涂膜干燥性测试要点如下:(1)将脱脂棉团和纱布团用专用溶剂(甲乙酮或丙酮)浸透,用其在电泳涂膜上用力(约100 N)往复摩擦10次(2分);(2)观察涂膜表面状态及棉团或纱布团上是否粘有涂膜的污染物。以涂膜表面不失光、不变色、棉团或纱布团不沾色为合格(3分)。

65. 答:黑色金属常用的除锈方法有手工除锈法、机械除锈法(包括借助风动或电动工具除锈)、喷丸或喷砂除锈、抛丸除锈法、高压喷水除锈、化学除锈法(主要是酸洗除锈)。(每个1分,答出5个即可)

66. 答:涂层打磨性是指涂层表面经打磨后,形成平滑无光表面的性能(2分)。例如底涂层和腻子膜,经过浮石、砂纸或其他研磨材料打磨后,能得到平滑无光泽的表面的性能(1分)。其另一个含义是使涂层能达到同一平滑度时的打磨难易程度(2分)。

67. 答:阴极电泳涂装,是将具有导电性的被涂物浸渍在用水稀释的、浓度比较低的电泳涂料槽中作为阴极(1分),在槽中另设置与其相对应的阳极,在两极之间通入一定时间的直流电(1分),在被涂物上即可沉淀出均一、水不溶的涂膜的一种涂装方法(1分)。电泳涂装过程,伴随着电解、电泳、电沉积、电渗等四种电化学物理现象(2分)。

68. 答:高固体分涂料基本同于溶剂型涂料,但它们中的树脂含量较高(1分),用于涂装时固体分质量分数可达到 $65\%\sim70\%$(2分),涂装后形成的涂膜厚度有明显提高,一道涂膜厚度可达到 $40\sim60~\mu m$(2分)。

69. 答:工件涂装后,必须注意涂膜的保养,绝对避免摩擦、撞击以及沾染灰尘、油腻和水迹等(3分)。根据涂膜的性质和使用时的气候条件,应在 $3\sim15$ d 以后方能投入使用(2分)。

70. 答:(1)H 表示氢元素(1分);(2)2H 表示两个氢原子(1分);(3)H_2 表示氢气分子(1分);(4)$2H_2$ 表示两个氢气分子(2分)。

六、综合题

1. 答:金属表面脱脂往往采用复合碱配方,碱度表示水中 OH^-、CO_3^{2-}、HCO_3^- 及其他弱酸盐类的总和(2分)。因为这些盐类在水中呈碱性,可以用酸中和,统称为碱度。在实际生产中,通常测定的碱度是指总碱度(1分)。总碱度的测定方法是:用移液管取 10 mL 脱脂工作液于锥形烧瓶中,加蒸馏水约 20 mL(2分),滴入两滴质量分数为 1%的甲基橙指示剂(2分),以 0.1 mol/L 的盐酸(或硫酸)标准溶液滴定至溶液由橙黄色变为橙红色(2分),读取耗用的盐酸(或硫酸)标准溶液的毫升数即为碱度,通常用"点数"表示(1分)。

2. 答:用移液管吸取磷化液试样 10 mL 于 250 mL 锥形瓶中,加水 100 mL 及甲基橙指示剂 $3\sim4$ 滴(2分),以 0.1 mol/L 氢氧化钠标准溶液滴定至橙红色为终点,记录耗用标准溶液毫升数(A)(2分)。加入酚酞指示剂 $2\sim3$ 滴,继续用 0.1 mol/L 氢氧化钠标准溶液滴定至溶液由黄色转为淡红色为终点(2分)。记录总的耗用标准溶液毫升数(B)(包括 A 毫升在内)(1分)。记录所得的 A 值为游离酸度(1分),B 值为总酸度(1分),$B:A$ 为酸比(1分)。

3. 答:电泳涂膜再溶性的测定方法如下:(1)按照产品要求的电泳条件对电泳试板进行电泳和水洗;(2)将已水洗过的电泳试板的 1/2 浸泡在搅拌的槽液中;(3)浸泡 10 min 后,取出电泳试板,水洗、烘干、目测外观,观察是否有明显差别;(4)测量浸泡与未浸泡的电泳试板涂膜厚度;(5)结果计算:电泳涂膜再溶性 $r=(\delta-\delta_1)\times100\%/\delta$,式中,$\delta$ 为溶解前涂膜厚度(μm),δ_1 为溶解后涂膜厚度(μm)。(每条 2分)

4. 答:涂料产生沉淀与结块的原因及防治措施如下:(1)所用颜料或体质颜料因研磨不细、分散不良、密度大等因素促使沉淀与结块产生,对此,可将沉渣研磨和分散后再利用(3分);(2)因储存时间过长,尤其是长期静放产生的沉淀和结块,对此,可以通过缩短储存周期来预防(3分);(3)因颜料与漆基间产生化学反应,或相互吸附生成固态沉淀物,对此,可以通过选择适当的颜料和漆基、添加防沉淀剂或润湿悬浮剂来防治(4分)。

5. 答:阴极电泳涂装的优点有:(1)整个涂装工序可实现全自动化,适用于大批量、流水线的涂装生产(2分);(2)可以得到均一的涂膜厚度(1分);(3)泳透性好,可提高工件的内腔、焊缝、边缘等处的耐腐蚀性,例如,薄膜电泳涂料涂膜的耐盐雾性在 500 h 以上,厚膜电泳涂料涂膜的耐盐雾性在 1 000 h 以上(2分);(4)涂料的利用率高,电泳后可采用 VF 封闭液水洗回收带出槽的涂料液,涂料的利用率在 95% 以上(2分);(5)安全性比较高,是低公害涂装(1分);(6)电泳涂膜的外观好,烘干时有较好的展平性(2分)。

6. 答:国外从 70 年代后期开始应用阴极电泳涂装(2分),到 80 年代中期基本上由阳极电泳过渡到阴极电泳涂装(2分)。国内应用阴极电泳始于 80 年代中期,以汽车行业为龙头,到目前为止汽车行业 90% 以上使用阴极电泳涂装(2分)。其他行业,例如机械、化工、电器、仪器、仪表等产品的涂装也正在普及和推广(2分),并且正向着中厚涂膜、高抗蚀、低温、节能、少公害方面发展(2分)。

7. 答:高红外快速固化技术在涂膜的烘干中应用推广很快,尤其是汽车行业的粉末涂料、水性涂料、中涂涂料、PVC 车底涂料及密封胶等涂膜的烘干(3分)。目前,在新建的涂装生产线和旧的涂装生产线改造上以及烘干炉的建设和改造上,采用高红外技术的很多(3分),可实现设备投资、占地面积、装机功率和能耗的大幅度降低,因而提高了生产效率,保证了产品的内在质量(2分)。基于上述因素和应用现状,高红外快速固化技术在涂装行业中将有很大的应用价值和发展前途(2分)。

8. 答:反渗透技术是利用半透膜在压力作用下,对溶液中水和溶质进行分离的一种方法(3分)。当不同浓度的溶液被半透膜间隔时,依照自然现象,浓度较低的溶液会往浓度较高的一侧渗透,纯水往盐水方向渗透就是典型的例子(3分),但是如果在盐水的一方施加足够的压力(也即大于渗透压),那么就会产生盐水往纯水方向渗透的反常现象,这种现象称为反渗透(3分)。利用这一技术,将溶液进行分离,从而实现了其在涂装行业中应用的价值(1分)。

9. 解:已知白色醇酸漆和黑色醇酸漆比例为 3:2
65 kg÷(3+2)=65 kg÷5=13 kg(3分)
13 kg×3=39 kg(白色醇酸漆)(3分)
13 kg×2=26 kg(黑色醇酸漆)(3分)

答:配制 65 kg 中灰醇酸漆,则需要白色醇酸漆 39 kg,黑色醇酸漆 26 kg(1分)。

10. 解:已知铝粉油漆每千克能涂刷 16 m²,机房内墙板面积=长×高=16 m×3 m=48 m²(4分),按计算公式:实际计算油漆量=需要涂刷面积/每千克能涂刷的面积=48 m²/(16 m²/kg)=3 kg(4分)。

答:则需要 3 kg 的铝粉油漆(2分)。

11. 解:已知各色醇酸漆每千克能涂刷 18 m²。按计算公式:实际计算油漆量=需要涂刷面积/每千克能涂刷面积;则:奶白色漆=28 m²/(18 m²/kg)=1.55 kg(3分);桔红色漆=30 m²/(18 m²/kg)=1.66 kg(3分);淡灰色漆=50 m²/(18 m²/kg)=2.77 kg(3分)。

答:总共需要醇酸漆是 5.98 kg,其中奶白色 1.55 kg、桔红色 1.66 kg、淡灰色 2.77 kg(1分)。

12. 解:按计算公式:实际计算油漆量=需要涂刷面积/每千克能涂刷的面积,则:奶白色漆=120 m²/(18 m²/kg)=6.6 kg(8分)

答:需要奶白色醇酸磁漆 6.6 kg(2分)。

13. 解:3% 氯化钠溶液 750 g 中含有氯化钠是 750 g×3%=22.5 g(4分),750 g−22.5 g=727.5 g(水)(4分)。

答:配制 3‰氯化钠溶液 750 g(1分),则需要 22.5 g 的氯化钠、727.5 g 水(1分)。

14. 解:已知氯原子量为 35.5,氢原子量为 1.008(1分)

(1)500 mL、2 g 分子浓度的盐酸含氯化氢是:(500 mL×2 g 分子)/1 000 mL＝1 g 分子;1 g 分子氯化氢重量是:1.008 g＋35.5 g＝36.5 g(3分)

(2)含 36.5 g 氯化氢,浓度 37％的盐酸重量是:36.5÷37/100≈98.6 g(2分)

(3)98.6 g 浓度为 37％的盐酸(比重是 1.19)体积是:98.6÷1.19＝83 mL(3分)

答:需要 37％的盐酸为 83 mL(1分)。

15. 解:通风筒圆柱表面积＝3.14×直径×高度＝3.14×0.5×13＝20.4 m^2(3分)

通风帽表面积＝1/2×3.14×直径×母线＝1/2×3.14×0.86×0.54＝0.7 m^2(3分)

20.4 m^2＋2×0.7＝21.8 m^2(已知灰色醇酸磁漆每千克涂刷 20 m^2)

则＝21.8 m^2/(20 m^2/kg)≈1.1 kg(3分)

答:需要灰色醇酸磁漆约 1.1 kg(1分)。

16. 解:已知磁化铁防锈漆用量为 60 g/m^2,灰醇酸磁漆用量为 50 g/m^2

薄钢单面表面积＝3.14×$(0.8/2)^2$＝0.502 4 m^2(1分)

总面积＝50×0.502 4＝25.12 m^2(1分)

需要磁化铁防锈底漆＝60×25.12＝150 7.2 g＝1.507 2 kg(3分)

需要灰色醇酸磁漆＝2×50×25.12＝251 2 g＝2.512 kg(3分)

答:需要磁化铁防锈底漆 1.507 2 kg(1分),灰色醇酸磁漆 2.512 kg(1分)。

17. 解:假定铝板厚度忽略不计,则铝板面积:

2{1/2(0.2＋0.1)×0.15}＝0.045 m^2(3分)

需要锌黄环氧底漆:(250×0.045×60)/1 000＝0.675 kg(3分)

需要奶黄色氨基醇酸磁漆:(250×0.045×80)/1 000＝0.9 kg(2分)

答:需要锌黄环氧底漆 0.675 kg(1分),奶黄氨基醇酸磁漆 0.9 kg(1分)。

18. 解:按计算公式:漆膜厚度＝(油漆实际消耗量×固体含量)/(油漆密度×涂刷面积)(1分)

膜厚＝(300×53.1％)/(1.107×3.045)＝47.3 μm(8分)

答:该漆膜厚度为 47.3 μm(1分)。

19. 答:在氧原子中,构成它的微粒有三种:质子、中子和电子(3分)。其中,质子带正电,中子不带电,电子带负电(3分)。质子带有 8 个单位正电荷,电子带有 8 个单位负电荷(3分)。因为它们所带电量即电荷数相等,但电性相反,因此不显电性(1分)。

20. 答:锌在空气中燃烧时的化学反应方程式为:

$$2Zn+O_2 \xrightarrow{燃烧} 2ZnO(6分)$$

因为锌和氧气燃烧生成氧化锌,燃烧时并没有计算氧气质量,而氧化锌质量等于氧气和锌质量之和,所以燃烧后生成物增加了(4分)。

21. 答:化学反应方程式为:

(1)$2Mg+O_2 \xrightarrow{燃烧} 2MgO$(2分)

(2)$NH_4HCO_3 \longrightarrow NH_3\uparrow + CO_2\uparrow + H_2O$(3分)

(3)$S+O_2 \xrightarrow{燃烧} SO_2$(2分)

(4)$CH_4+2O_2 \xrightarrow{燃烧} CO_2+2H_2O$(3分)

22. 答:优点:涂料的利用率高,生产效率高,适于大批量流水线生产(3分),可改善作业环境,减少涂装公害(3分)。缺点:因静电喷涂法使用高压电,容易产生火花放电引起火灾(2分),因静电屏蔽作用和电场分布不均匀,被涂物凸凹部位涂膜不均匀,另外对涂料和溶剂有一定的特殊要求(2分)。

23. 答:正确地选择涂装方法,应当考虑的因素很多,主要有:根据被涂物涂装的目的,选用涂料的性能,被涂件的材质、形状、大小、表面状况及预处理方法,现有设备工具及需要增添的设备工具,涂料干燥方法,涂装的环境条件,组织管理以及操作人员的技术水平等,综合考虑后选择涂装方法。(每方面1分,答出10方面即可)

24. 答:所谓电泳涂装,就是利用外加电场,使悬浮于电泳液中的颜料和树脂等微粒定向迁移并沉积于电极之一的基底表面涂装方法(4分)。根据被涂物的极性和电泳涂料的种类,电泳涂装可分为阳极电泳(被涂物是阳极,涂料是阴离子型)(3分)和阴极电泳(被涂物是阴极,涂料是阳离子型)(3分)两种涂装法。

25. 答:在被涂物涂装前,为了获得优质的涂膜,应对被涂物表面进行涂装前的准备工作,称为涂装前的表面预处理(5分)。表面预处理的目的就是消除被涂物表面上的各种污垢,即对被涂物表面进行各种物理和化学处理,以消除被涂物表面的机械加工缺陷,从而提高涂膜的附着力和耐腐蚀性(5分)。

26. 答:常用的去除旧漆膜的方法有:手工除旧漆法(是指利用手工工具和材料去除金属表面旧漆膜的过程)(2分)、机械除旧漆法(主要是指利用风动或电动工具以及喷砂、抛丸、高压水喷洗等方法来去除旧漆膜)(2分)、火焰除旧漆法(2分)、电热除旧漆法(2分)、化学除旧漆法(包括碱液清除法、有机溶剂脱漆法)(2分)。

27. 答:优点:设备、工具简单,操作方便,节省涂料(3分),不受施工场地以及工件形状和大小的限制,适应性强(2分)。因此,对涂料而言,除了分散性差的挥发性涂料外,几乎全部涂料均可采用刷涂法施工。缺点:劳动强度大,工作效率低,不能适应机械化流水线生产(3分),刷涂硝基漆等快干型涂料时比较困难,被涂物表面容易出现刷痕等(2分)。

28. 答:浸涂法主要用于烘烤型涂料的涂装,但也用于自干型涂料的涂装,一般不适用于挥发型快干涂料(如硝基漆)的涂装(5分)。浸涂法使用的涂料还应具有不结皮、颜料不沉淀以及不会产生胶化等特点(5分)。

29. 答:在电泳涂装过程中,涂膜产生桔皮的原因有如下几条:(1)泳涂时工作电压过高,固体分含量高(2分);(2)泳涂时间过长(2分);(3)槽液温度过高(1分)。防治方法:(1)严格执行在电泳涂料规定的工作电压范围内涂装,槽液中的固体分控制在工艺规定范围内(2分);(2)泳涂时间控制在工艺规定范围内,不宜过长(2分);(3)槽液温度过高时应适当降低(1分)。

30. 答:涂装作为工业生产中的特殊工种,在生产中需要掌握的安全知识很多。由于涂料产品大多是易燃、易爆、有毒的危险品(6分),因此不论在涂料的储存或使用过程中,都应采取有效措施,切实做到防火、防爆、防毒和个人防护,确保安全生产和工人的健康(4分)。

31. 答:高空涂装作业时需要注意以下安全事项:(1)高空作业时要系好安全带,以防跌落(2分);(2)高空作业时所站的脚踏板要有足够的强度和宽度,周围要有2 m高的围栏或侧板,在脚架下面应安设安全保护网,严禁在同一垂直线的上下场所同时进行作业(3分);(3)高空作业人员应定期检查身体,如患有心脏病、高血压症及癫痫病者,不得参加高空作业(2分);(4)要注意高空作业场所附近的电路,必要时要将电路切断或做绝缘防护(3分)。

32. 答:涂膜烘干应严格按照工艺规定的干燥温度和干燥时间进行烘干,防止超温或超时。超温、超时都有可能造成事故(2分)。要求控制炉温的电控装置、仪表及炉内设置的热电偶等要相对准确;烘干炉内的辐射加热元件布置要合理(2分);烘干炉内应设有溶剂排放装置,以防溶剂含量过高时产生爆炸(2分);燃油、燃气的烘干炉,应控制好喷油量和燃气量,燃烧装置应设置防爆阀门(2分);电气加热炉的加热器和循环风机要有联锁保护,以防加热器过热烧坏(2分)。

33. 答:因为涂装生产所用的涂料和溶剂大多是易燃易爆物质,极易产生火灾(4分)。火灾的发生,会造成生命和财产的严重损失,严重影响生产的正常进行(4分)。所以,从事涂装作业的单位和个人必须注意防火安全(2分)。

34. 答:底层涂料的特点是:它与金属等不同材质的被涂件表面直接接触(3分),涂料中应有防锈颜料和抑制性颜料,可起到防锈、钝化作用(3分)。此外,它还要对金属及其他材质有很强的附着力,而对上层材料又有优良的结合力(4分)。

35. 答:油漆储存一段时间后粘度突然增高的原因有以下几点:(1)漆料酸性太高,与碱性颜料化合成盐从而导致漆料变稠(1分);(2)颜料中含有水分等杂质而使漆料变稠(1分);(3)沥青漆全部采用200号油漆溶剂油调漆后在储存中也容易变稠(1分);(4)硝基漆因包装桶漏气,致使溶剂挥发油漆变稠(1分);(5)快干氨基漆使用溶剂不当导致油漆变稠(1分)。

消除方法:对于油基漆及油性漆变稠,可采用松节油及少量二甲苯混合溶液调稀(1分)。对于沥青漆变稠,可采用纯二甲苯调稀。对于硝基漆变稠,可直接加入香蕉水调稀(1分)。对于氨基漆变稠,可在氨基漆稀释剂中加入质量分数为25%～30%的丁醇及少量的三乙醇胺稳定剂即可消除(2分)。另外,还要注意油漆包装容器的密封(1分)。

涂装工(初级工)技能操作考核框架

一、框架说明

1. 依据《国家职业标准》[注],以及中国北车确定的"岗位个性服从于职业共性"的原则,提出涂装工(初级工)技能操作考核框架(以下简称:技能考核框架)。

2. 本职业等级技能操作考核评分采用百分制。即:满分为 100 分,60 分为及格,低于 60 分为不及格。

3. 实施"技能考核框架"时,考核制件(活动)命题可以选用本企业的加工件(活动项目),也可以结合实际另外组织命题。

4. 实施"技能考核框架"时,考核的时间和场地条件等应依据《国家职业标准》,并结合企业实际确定。

5. 实施"技能考核框架"时,其"职业功能"的分类按以下要求确定:

(1)"工件及产品涂装"属于本职业等级技能操作的核心职业活动,其"项目代码"为"E"。

(2)"涂装前工件表面预处理"、"设备维护与保养"属于本职业等级技能操作的辅助性活动,其"项目代码"分别为"D"和"F"。

6. 实施"技能考核框架"时,其"鉴定项目"和"选考数量"按以下要求确定:

(1)按照《国家职业标准》有关技能操作鉴定比重的要求,本职业等级技能操作考核制件的"鉴定项目"应按"D"+"E"+"F"组合,其考核配分比例相应为:"D"占 25 分,"E"占 60 分,"F"占 15 分。

(2)依据本职业等级《国家职业标准》的要求,技能考核时,"E"类鉴定项目中的"空气喷涂"为必选项,其余 8 项任选 1 项。

(3)依据中国北车确定的"核心职业活动选取 2/3,并向上取整"的规定,以及上述"第 6 条(2)"要求,在"E"类鉴定项目——"工件及产品涂装"的全部 9 项中,选取 2 项。

(4)依据中国北车确定的"其余'鉴定项目'的数量可以任选"的规定,"D"和"F"类鉴定项目——"涂装前工件表面预处理"、"设备维护与保养"中,至少分别选取 1 项。

(5)依据中国北车确定的"确定'选考数量'时,所涉及'鉴定要素'的数量占比,应不低于对应'鉴定项目'范围内'鉴定要素'总数的 60%,并向上取整"的规定,考核制件(活动)的鉴定要素"选考数量"应按以下要求确定:

①在"D"类"鉴定项目"中,在已选定的 1 个或全部鉴定项目中,至少选取已选鉴定项目所对应的全部鉴定要素的 60%项,并向上保留整数。

②在"E"类"鉴定项目"中,在已选的 2 个鉴定项目所包含的全部鉴定要素中,至少选取总数的 60%项,并向上保留整数。

③在"F"类"鉴定项目"中,对应"设备维护与保养"的1个鉴定要素,至少选取1项。

举例分析:

按照上述"第6条"要求,若命题时按最少数量选取,即:在"D"类鉴定项目中选取了"机械法表面处理"1项,在"E"类鉴定项目中选取了"浸涂"、"空气喷涂"2项,在"F"类鉴定项目中分别选取了"设备维护与保养"1项,则:

此考核制件所涉及的"鉴定项目"总数为4项,具体包括:"机械法表面处理","浸涂","空气喷涂","设备维护与保养";

此考核制件所涉及的鉴定要素"选考数量"相应为10项,具体包括:"机械法表面处理"1个鉴定项目包含的全部4个鉴定要素中的3项,"浸涂"、"空气喷涂"2个鉴定项目包含的全部8个鉴定要素中的6项,"设备维护与保养"1个鉴定项目包含的全部1个鉴定要素中的1项。

7. 本职业等级技能操作需要两人及以上共同作业的,可由鉴定组织机构根据"必要、辅助"的原则,结合实际情况确定协助人员的数量。在整个操作过程中,协助人员只能起必要、简单的辅助作用。否则,每违反一次,至少扣减应考者的技能考核总成绩10分,直至取消其考试资格。

8. 实施"技能考核框架"时,应同时对应考者在质量、安全、工艺纪律、文明生产等方面行为进行考核。对于在技能操作考核过程中出现的违章作业现象,每违反一项(次)至少扣减技能考核总成绩10分,直至取消其考试资格。

注:按照中国北车规定,各《职业技能操作考核框架》的编制依据现行的《国家职业标准》或现行的《行业职业标准》或现行的《中国北车职业标准》的顺序执行。

二、涂装工(初级工)技能操作鉴定要素细目表

职业功能	鉴定项目				鉴定要素		
	项目代码	名　称	鉴定比重(%)	选考方式	要素代码	名　称	重要程度
涂装前工件表面预处理	D	机械法表面处理	25	任选	001	能用砂布、钢丝刷、铲刀、尖头锤等工具进行手工除锈、除旧油漆等操作	X
					002	能用风动砂轮、风动钢丝刷等手工机械工具进行除锈等操作	X
					003	能使用喷砂、喷丸、抛丸设备,对工件表面进行除锈等操作	Y
					004	能对已清理的工件表面进行防锈处理	Y
		化学法表面处理			001	能用有机溶剂清洗法、碱液清洗法及表面活性剂清洗法对工件表面脱脂	X
					002	能用酸洗法对黑色金属表面除锈	Y
					003	能操作脱脂、酸洗、表调、钝化、水洗设备对被涂件进行表面化学处理	X

职业功能	鉴定项目		鉴定比重(%)	选考方式	鉴定要素		
	项目代码	名称			要素代码	名称	重要程度
工件及产品涂装	E	空气喷涂	60	必选	001	能稀释和刮涂常规腻子	X
					002	能手工或用腻子打磨机打磨腻子	X
					003	能正确选用砂布、砂纸	Y
					004	能稀释常规涂料至施工粘度	Y
					005	能使用常用喷枪完成简单工件的喷漆	X
		浸涂		任选1项	001	能用手工浸涂涂料	X
					002	能用浸涂设备浸涂涂料	X
					003	能调配常用涂料粘度	Y
		辊涂			001	能用辊涂工具进行手工辊涂	X
					002	能操作自动辊涂设备	X
		刷涂			001	能正确使用各种漆刷	X
					002	能按指定的材料调配涂料施工粘度	X
					003	能按刷涂基本操作方法涂漆,并能达到漆膜均匀等质量要求	X
		高压无气喷涂			001	能操作气动式或电动式高压无气喷涂机	Y
					002	能调配涂料粘度	X
		粉末涂装			001	能操作粉末涂装设备进行涂装	X
					002	能检查和监视粉末涂装过程	X
		静电喷涂			001	能正确使用手提式静电喷涂设备	X
					002	能判断静电喷涂设备的常见故障	Y
					003	能在生产间隙中对喷具进行常规的清洁工作	X
		淋涂			001	能进行手工淋涂和浇淋	X
					002	能操作幕淋、喷淋等淋涂设备	Y
		电泳涂装			001	能检查和监视电泳涂装过程	X
设备维护与保养	F	设备维护与保养	15	必选	001	能对涂装设备进行维护保养	X

注:重要程度中 X 表示核心要素,Y 表示一般要素,Z 表示辅助要素。下同。

涂装工(初级工)
技能操作考核样题与分析

职业名称：＿＿＿＿＿＿＿＿＿＿＿＿＿＿

考核等级：＿＿＿＿＿＿＿＿＿＿＿＿＿＿

存档编号：＿＿＿＿＿＿＿＿＿＿＿＿＿＿

考核站名称：＿＿＿＿＿＿＿＿＿＿＿＿＿

鉴定责任人：＿＿＿＿＿＿＿＿＿＿＿＿＿

命题责任人：＿＿＿＿＿＿＿＿＿＿＿＿＿

主管负责人：＿＿＿＿＿＿＿＿＿＿＿＿＿

中国北车股份有限公司劳动工资部制

职业技能鉴定技能操作考核制件图示或内容

1. 钢制角铁浸涂防锈漆

进行手工表面处理,达到无油、无锈蚀、粉尘等。

按照产品使用要求,配置防锈漆到规定粘度,搅拌均匀,并用涂-4粘度杯进行检测。

浸涂:厚度均匀、光洁、无流坠、气泡等不良现象。

遵守安全操作规程,文明生产,对于在技能操作考核过程中出现的违章作业现象,每违反一项(次)至少扣减技能考核总成绩10分,直至取消其考试资格。

职业名称	涂装工
考核等级	初级工
试题名称	钢制角铁浸涂防锈漆
材质等信息	

2. 钢板表面用空气喷涂防锈漆

进行手工表面处理,达到无油、无锈蚀、粉尘等。

使用浸涂剩余油漆,调整粘度到适合空气喷涂的粘度。过滤后使用。

能使用空气喷涂设备完成工件喷涂。空气流量、涂料流量、喷枪喷雾形状调节良好,能控制工件与喷枪之间的距离,喷涂速度均匀。

质量要求:厚度均匀、无漏喷、光洁、无流坠、气泡等不良现象。

遵守安全操作规程,文明生产,对于在技能操作考核过程中出现的违章作业现象,每违反一项(次)至少扣减技能考核总成绩 10 分,直至取消其考试资格。

职业名称	涂装工
考核等级	初级工
试题名称	钢板表面用空气喷涂防锈漆
材质等信息	

职业技能鉴定技能操作考核准备单

职业名称	涂装工
考核等级	初级工
试题名称	钢制角铁浸涂防锈漆、钢板表面用空气喷涂防锈漆

一、材料准备

1. 材料规格：单组分防锈漆 5 kg，配套稀释剂 3 kg。

2. 坯件尺寸：钢制角铁 4 根（尺寸为 50 mm×50 mm×2 mm，长度 100 mm），钢板（1 000 mm×1 000 mm×2 mm）一块。

3. 辅助材料：各种规格砂布、钢丝刷、棉丝、量杯、干净空桶。

二、设备、工、量、卡具准备清单

序　号	名　　称	规　　格	数　量	备　　注
1	粘度杯	涂-4 杯	1	
2	空气喷枪		1	
3	喷、烘漆房	通风良好、照度大于 300 lx	1	
4	风动钢丝刷		1	

三、考场准备

1. 要有洁净的压缩空气；

2. 要有防火安全装置。

四、考核内容及要求

1. 考核内容

（1）钢制角铁浸涂防锈漆

进行手工表面处理，达到无油、无锈蚀、粉尘等。

按照产品使用要求，配置防锈漆到规定粘度，搅拌均匀，并用涂-4 粘度杯进行检测。

浸涂：厚度均匀、光洁，无流坠、气泡等不良现象。

遵守安全操作规程，文明生产，对于在技能操作考核过程中出现的违章作业现象，每违反一项（次）至少扣减技能考核总成绩 10 分，直至取消其考试资格。

（2）钢板表面用空气喷涂防锈漆

进行手工表面处理，达到无油、无锈蚀、无粉尘等。

使用浸涂剩余油漆，调整粘度到适合空气喷涂的粘度。过滤后使用。

能使用空气喷涂设备完成工件喷涂。空气流量、涂料流量、喷枪喷雾形状调节良好，能控制工件与喷枪之间的距离，喷涂速度均匀。

质量要求：厚度均匀、无漏喷、光洁、无流坠、气泡等不良现象。

遵守安全操作规程，文明生产，对于在技能操作考核过程中出现的违章作业现象，每违反一项(次)至少扣减技能考核总成绩 10 分,直至取消其考试资格。

2. 考核时限

本试题为 120 min。

3. 考核评分(表)

钢制角铁浸涂防锈漆、钢板表面用空气喷涂防锈漆

姓名:　　　　　　　　　　　　　　　　　　　　　　　　分数:

项目	技术要求	配分	评分标准	实测	得分
机械法表面处理	砂布选择正确	5	砂布型号不正确扣 5 分		
	手工除锈彻底	14	有没处理部位一处扣 3 分,扣完为止		
	对锈诟严重的部位能使用风动工具	3	有没处理部位一处扣 3 分		
	无二次生锈	3	有二次生锈扣 3 分		
浸涂	装件合理	4	工件无倾斜扣 4 分		
	控漆时间合理	10	无控漆时间扣 10 分		
	操作后加盖	3	操作后无加盖扣 3 分		
	调配粘度	5	未调粘度扣 5 分		
	搅拌均匀	3	无搅拌扣 3 分		
空气喷涂	能正确选用砂布、砂纸	5	砂布型号不正确扣 5 分		
	能稀释常规涂料至施工粘度	5	未调粘度扣 5 分		
	漆膜均匀、无漏喷、无流坠	25	漏喷一处扣 5 分,流坠一处扣 5 分,扣完为止		
设备维护与保养	喷枪清洗干净	15	未清洗喷枪扣 15 分,清洗不干净扣 5～10 分		
安全文明生产	质量、安全、工艺纪律、文明生产等综合考核项目	不限	依据企业相关管理规定执行,每违反一次扣 10 分,有重大安全事故,取消成绩		
工时定额	120 min	不限	每超时 3 min 扣 1 分		
评分人					

职业技能鉴定技能考核制件(内容)分析

职业名称	涂装工
考核等级	初级工
试题名称	钢制角铁浸涂防锈漆、钢板表面用空气喷涂防锈漆
职业标准依据	国家职业技能标准-涂装工(2009)

试题中鉴定项目及鉴定要素的分析与确定

分析事项 ＼ 鉴定项目分类	基本技能"D"	专业技能"E"	相关技能"F"	合计	数量与占比说明
鉴定项目总数	2	2	1	5	国家标准要求:专业技能空气喷涂必选,其余8项任选1项
选取的鉴定项目数量	1	2	1	4	
选取的鉴定项目数量占比(%)	50	100	100	83	
对应选取鉴定项目所包含的鉴定要素总数	4	8	1	13	鉴定要素数量占比大于60%
选取的鉴定要素数量	3	5	1	9	
选取的鉴定要素数量占比(%)	75	62.5	100	69.2	

所选取鉴定项目及相应鉴定要素分解与说明

鉴定项目类别	鉴定项目名称	国家职业标准规定比重(%)	《框架》中鉴定要素名称	本命题中具体鉴定要素分解	配分	评分标准	考核难点说明
"D"	机械法表面处理	25	能用砂布、钢丝刷、铲刀、尖头锤等工具进行手工除锈、除旧油漆等操作	砂布选择正确	5	砂布型号不正确扣5分	能正确选择打磨材料
				手工除锈彻底	14	有没处理部位一处扣3分,扣完为止	打磨到位
			能用风动砂轮、风动钢丝刷等手工机械工具进行除锈等操作	对锈诟严重的部位能使用风动工具	3	有没处理部位一处扣3分	能使用风动工具
			能对已清理的工件表面进行防锈处理	无二次生锈	3	有二次生锈扣3分	了解处理目的
"E"	浸涂	25	能用手工浸涂涂料	装件合理	4	工件无倾斜扣4分	了解浸漆原则
				控漆时间合理	10	无控漆时间扣10分	了解浸漆原则
				操作后加盖	3	操作后无加盖扣3分	了解浸漆原则

鉴定项目类别	鉴定项目名称	国家职业标准规定比重(%)	《框架》中鉴定要素名称	本命题中具体鉴定要素分解	配分	评分标准	考核难点说明
			能调配常用涂料粘度	调配粘度	5	未调粘度扣5分	了解涂料常识及浸漆要求
				搅拌均匀	3	无搅拌扣3分	了解涂料常识及浸漆要求
	空气喷涂	35	能正确选用砂布、砂纸	能正确选用砂布、砂纸	5	纱布型号不正确扣5分	能正确选择打磨材料
			能稀释常规涂料至施工粘度	能稀释常规涂料至施工粘度	5	未调粘度扣5分	了解涂料常识及空气喷涂要求
			能使用常用喷枪完成简单工件的喷漆	漆膜均匀、无漏喷	10	漏喷一处扣5分,扣完为止	喷涂技术
				无流坠	15	流坠一处扣5分,扣完为止	喷涂技术
"F"	设备维护与保养	15	能维护、保养常用设备和工具	喷枪清洗干净	15	未清洗喷枪扣15分,清洗不干净扣5~10分	
	质量、安全、工艺纪律、文明生产等综合考核项目			考核时限	不限	每超过规定时间3 min扣1分	
				工艺纪律	不限	依据企业有关工艺纪律管理规定执行,每违反一次扣10分	
				劳动保护	不限	依据企业有关劳动保护管理规定执行,每违反一次扣10分	
				文明生产	不限	依据企业有关文明生产管理规定执行,每违反一次扣10分	
				安全生产	不限	依据企业有关安全生产管理规定执行,每违反一次扣10分,有重大安全事故,取消成绩	

涂装工(中级工)技能操作考核框架

一、框架说明

1. 依据《国家职业标准》^注，以及中国北车确定的"岗位个性服从于职业共性"的原则，提出涂装工(中级工)技能操作考核框架(以下简称:技能考核框架)。

2. 本职业等级技能操作考核评分采用百分制。即:满分为 100 分，60 分为及格，低于 60 分为不及格。

3. 实施"技能考核框架"时，考核制件(活动)命题可以选用本企业的加工件(活动项目)，也可以结合实际另外组织命题。

4. 实施"技能考核框架"时，考核的时间和场地条件等应依据《国家职业标准》，并结合企业实际确定。

5. 实施"技能考核框架"时，其"职业功能"的分类按以下要求确定:

(1)"工件及产品涂装"属于本职业等级技能操作的核心职业活动，其"项目代码"为"E"。

(2)"涂装前工件表面预处理"、"质量检验及分析"属于本职业等级技能操作的辅助性活动，其"项目代码"分别为"D"和"F"。

6. 实施"技能考核框架"时，其"鉴定项目"和"选考数量"按以下要求确定:

(1)按照《国家职业标准》有关技能操作鉴定比重的要求，本职业等级技能操作考核制件的"鉴定项目"应按"D"+"E"+"F"组合，其考核配分比例相应为:"D"占 20 分，"E"占 70 分，"F"占 10 分。

(2)依据本职业等级《国家职业标准》的要求，技能考核时，"E"类鉴定项目中的"空气喷涂"为必选项，其余 8 项为任选 1 项。

(3)依据中国北车确定的"核心职业活动选取 2/3，并向上取整"的规定，以及上述"第 6 条(2)"要求，在"E"类鉴定项目——"工件及产品涂装"的全部 9 项中，选取 2 项。

(4)依据中国北车确定的"其余'鉴定项目'的数量可以任选"的规定，"D"和"F"类鉴定项目——"涂装前工件表面预处理"、"质量检验及分析"中，至少分别选取 1 项。

(5)依据中国北车确定的"确定'选考数量'时，所涉及'鉴定要素'的数量占比，应不低于对应'鉴定项目'范围内'鉴定要素'总数的 60%，并向上取整"的规定，考核制件的鉴定要素"选考数量"应按以下要求确定:

①在"D"类"鉴定项目"中，在已选定的 1 个或全部鉴定项目中，至少选取已选鉴定项目所对应的全部鉴定要素的 60%项，并向上保留整数。

②在"E"类"鉴定项目"中，在已选的 2 个鉴定项目所包含的全部鉴定要素中，至少选取总数的 60%项，并向上保留整数。

③在"F"类"鉴定项目"中，对应"质量检验及分析"的 3 个鉴定要素，至少选取 2 项。

举例分析:

　　按照上述"第 6 条"要求,若命题时按最少数量选取,即:在"D"类鉴定项目中选取了"机械法表面处理"1 项,在"E"类鉴定项目中选取了"浸涂"、"空气喷涂"2 项,在"F"类鉴定项目中选取了"质量检验"1 项,则:

　　此考核制件所涉及的"鉴定项目"总数为 4 项,具体包括:"机械法表面处理","浸涂","空气喷涂","质量检验";

　　此考核制件所涉及的鉴定要素"选考数量"相应为 11 项,具体包括:"机械法表面处理"1 个鉴定项目包含的全部 3 个鉴定要素中的 2 项,"浸涂"、"空气喷涂"2 个鉴定项目包括的全部 9 个鉴定要素中的 6 项,"质量检验"1 个鉴定项目包含的全部 3 个鉴定要素中的 2 项。

　　7. 本职业等级技能操作需要两人及以上共同作业的,可由鉴定组织机构根据"必要、辅助"的原则,结合实际情况确定协助人员的数量。在整个操作过程中,协助人员只能起必要、简单的辅助作用。否则,每违反一次,至少扣减应考者的技能考核总成绩 10 分,直至取消其考试资格。

　　8. 实施"技能考核框架"时,应同时对应考者在质量、安全、工艺纪律、文明生产等方面行为进行考核。对于在技能操作考核过程中出现的违章作业现象,每违反一项(次)至少扣减技能考核总成绩 10 分,直至取消其考试资格。

　　注:按照中国北车规定,各《职业技能操作考核框架》的编制依据现行的《国家职业标准》或现行的《行业职业标准》或现行的《中国北车职业标准》的顺序执行。

二、涂装工(中级工)技能操作鉴定要素细目表

职业功能	鉴定项目				鉴定要素		
	项目代码	名　称	鉴定比重(%)	选考方式	要素代码	名　称	重要程度
涂装前工件表面预处理	D	机械法表面处理	20	任选	001	能根据工件表面状况,正确选择处理方法	X
					002	能合理选择砂、丸的规格和调整气压压力	X
					003	能正确选择防锈方法及施工工艺	X
		化学法表面处理			001	能对锌、铝及其合金等有色金属进行表面化学处理	Y
					002	能排除化学处理设备的一般故障	Y
					003	能正确选择防锈方法及施工工艺	X
		塑料、木材及水泥制品表面处理			001	能根据不同材质选用表面处理方法	Y
工件及产品涂装	E	空气喷涂	70	必选	001	能调配和刮涂各种腻子	X
					002	能调整各层喷漆的粘度	X
					003	能正确选用配套材料	X
					004	能调配涂料颜色	X
					005	能排除常用工具设备的一般故障	X
					006	能完成产品修补漆操作工序	X
		刷涂		任选1项	001	能涂刷形状复杂的工件,并达到高装饰性要求,漆膜表面平整光滑,不需涂漆处不得有漆沾污	X
					002	能正确调配涂料	X

职业功能	鉴定项目				鉴定要素		
	项目代码	名　　称	鉴定比重（%）	选考方式	要素代码	名　　称	重要程度
					003	能调配复色颜料	X
		浸涂			001	能排除浸涂设备的一般故障	X
					002	能控制浸涂涂料的粘度	X
					003	能调配涂料颜色	X
		辊涂			001	能调整涂料粘度	X
					002	能调整辊涂辊之间的间隙	X
					003	能排除辊涂设备的一般故障	X
					004	能调配涂料颜色	X
		高压无气喷涂			001	能根据涂料粘度调整高压无气喷涂机的施工参数	X
					002	能排除高压无气喷涂机的一般故障	X
					003	能调配涂料粘度	X
		粉末涂装			001	能操作粉末涂装设备进行涂装	X
					002	能检查和监视粉末涂装过程	X
		静电喷涂			001	能正确使用手提式静电喷涂设备	X
					002	能判断静电喷涂设备的常见故障	Y
					003	能在生产间隙中对喷具进行常规的清洁工作	X
		淋涂			001	能进行手工淋涂和浇淋	X
					002	能操作幕淋、喷淋等淋涂设备	Y
					003	能对淋涂设备进行维护保养	Y
		电泳涂装			001	能检查和监视电泳涂装过程	X
					002	能对电泳设备进行维修和保养	X
质量检验及分析	F	质量检验	10	必选	001	能进行涂膜常规性能试验	X
					002	能制备涂料检验涂膜	X
					003	能进行涂膜外观质量的判定	X

涂装工(中级工)
技能操作考核样题与分析

职 业 名 称: _____

考 核 等 级: _____

存 档 编 号: _____

考核站名称: _____

鉴定责任人: _____

命题责任人: _____

主管负责人: _____

中国北车股份有限公司劳动工资部制

职业技能鉴定技能操作考核制件图示或内容

1. 制作 G01 苹果绿色醇酸磁漆样板

进行手工表面处理,达到无油、无锈蚀、粉尘等。

按照标准样板,调配 G01 苹果绿色。

刷涂:厚度均匀(23±3)μm、光洁、无流坠、气泡等不良现象。

遵守安全操作规程,文明生产,对于在技能操作考核过程中出现的违章作业现象,每违反一项(次)至少扣减技能考核总成绩 10 分,直至取消其考试资格。

职业名称	涂装工
考核等级	中级工
试题名称	制作 G01 苹果绿色醇酸磁漆样板
材质等信息	

2. 机车车辆外侧墙板喷涂面漆

进行手工表面处理,达到表面平整光滑。

根据要喷涂面积及涂料的技术数据,估工估料。调整粘度到适合空气喷涂的粘度。过滤后使用。

能使用空气喷涂设备完成工件喷涂。空气流量、涂料流量、喷枪喷雾形状调节良好,能控制工件与喷枪之间的距离,喷涂速度均匀。

质量要求:厚度均匀、光洁,无漏喷、无流坠、气泡等不良现象。

使用光泽度仪测定涂膜光泽度。

遵守安全操作规程,文明生产,对于在技能操作考核过程中出现的违章作业现象,每违反一项(次)至少扣减技能考核总成绩 10 分,直至取消其考试资格。

职业名称	涂装工
考核等级	中级工
试题名称	机车车辆外侧墙板喷涂面漆
材质等信息	

职业技能鉴定技能操作考核准备单

职业名称	涂装工
考核等级	中级工
试题名称	制作 G01 苹果绿色醇酸磁漆样板、机车车辆外侧墙板喷涂面漆

一、材料准备

1. 材料规格:白、黑、铁蓝、淡铬黄、铁红、翠绿、群青等各色醇酸磁漆各 100 g,醇酸稀料 500 g,磁漆 10 kg,配套稀释剂 5 kg。

2. 坯件尺寸:马口铁板(120 mm×50 mm)三块,待喷涂面漆的车辆。

3. 辅助材料:各种规格砂布、打磨机、棉丝、量杯、干净空桶、油漆刷。

二、设备、工、量、卡具准备清单

序　号	名　　称	规　　格	数　　量	备　注
1	粘度杯	涂-4 杯	1	
2	空气喷枪		1	
3	喷、烘漆房	通风良好、照度大于 300 lx	1	
4	光泽度仪		1	
5	测厚仪		1	

三、考场准备

1. 要有洁净的压缩空气;
2. 要有防火安全装置。

四、考核内容及要求

1. 考核内容

(1)制作 G01 苹果绿色醇酸磁漆样板

进行手工表面处理,达到无油、无锈蚀、粉尘等。

按照标准样板,调配 G01 苹果绿色。

刷涂:厚度均匀(23±3)μm、光洁、无流坠、气泡等不良现象。

遵守安全操作规程,文明生产,对于在技能操作考核过程中出现的违章作业现象,每违反一项(次)至少扣减技能考核总成绩 10 分,直至取消其考试资格。

(2)机车车辆外侧墙板喷涂面漆

进行手工表面处理,达到表面平整光滑。

根据要喷涂面积及涂料的技术数据,估工估料。调整粘度到适合空气喷涂的粘度。过滤后使用。

能使用空气喷涂设备完成工件喷涂。空气流量、涂料流量、喷枪喷雾形状调节良好,能控制工件与喷枪之间的距离,喷涂速度均匀。

质量要求:厚度均匀、无漏喷、光洁、无流坠、气泡等不良现象。

使用光泽度仪测定涂膜光泽度。测量时间不计入考核时限。

遵守安全操作规程,文明生产,对于在技能操作考核过程中出现的违章作业现象,每违反一项(次)至少扣减技能考核总成绩 10 分,直至取消其考试资格。

2. 考核时限

本试题为 120 min。

3. 考核评分(表)

制作 G01 苹果绿色醇酸磁漆样板、机车车辆外侧墙板喷涂面漆

姓名:　　　　　　　　　　　　　　　　　　　　　　　　　　　　　　　分数:

项目	技 术 要 求	配分	评 分 标 准	实测	得分
机械法表面处理	磨料粒度选择正确	5	磨料型号不正确扣 5 分		
	手工打磨	10	有没处理部位一处扣 3 分,扣完为止		
	表面光滑	5	未打磨扣 5 分		
刷涂	正确调配主次色	3	主次颠倒扣 1～3 分		
	与色卡颜色一致	15	差别过大扣 15 分,色差不大扣 1～10 分		
	调配粘度	2	未调粘度扣 2 分		
	刷涂:厚度均匀(23±3)μm、光洁、无流坠、气泡等不良现象	10	样板制作不平整,出现漏涂、流坠、发花等不良现象一处扣 3 分,扣完为止		
空气喷涂	调配粘度	5	未调粘度扣 5 分		
	漆膜均匀、无漏喷、无咬底	20	缺陷一处扣 5 分,扣完为止		
	光泽度达到要求	10	均匀测试 10 点,不足一处扣 5 分,扣完为止		
	喷枪清洗干净	5	未清洗喷枪扣 5 分		
质量检验	能进行涂膜常规性能试验;能制备涂料检验涂膜;能进行涂膜外观质量的判定	10	不会使用检测设备扣 2 分,测试点不合理扣 6 分,样板厚度超标扣 1 分,外观不良扣 1 分		
安全文明生产	质量、安全、工艺纪律、文明生产等综合考核项目	不限	依据企业相关管理规定执行,每违反一次扣 10 分,有重大安全事故,取消成绩		
工时定额	120 mm	不限	每超时 3 min 扣 1 分		
评分人					

职业技能鉴定技能考核制件(内容)分析

职业名称	涂装工
考核等级	中级工
试题名称	制作 G01 苹果绿色醇酸磁漆样板、机车车辆外侧墙板喷涂面漆
职业标准依据	国家职业技能标准-涂装工(2009)

试题中鉴定项目及鉴定要素的分析与确定

鉴定项目分类 / 分析事项	基本技能"D"	专业技能"E"	相关技能"F"	合计	数量与占比说明
鉴定项目总数	3	2	1	6	国家标准要求:专业技能空气喷涂必选,其余8项任选1项
选取的鉴定项目数量	1	2	1	4	
选取的鉴定项目数量占比(%)	33.3	100	100	78	
对应选取鉴定项目所包含的鉴定要素总数	3	9	3	16	鉴定要素数量占比大于60%
选取的鉴定要素数量	2	6	3	11	
选取的鉴定要素数量占比(%)	67	67	100	78	

所选取鉴定项目及相应鉴定要素分解与说明

鉴定项目类别	鉴定项目名称	国家职业标准规定比重(%)	《框架》中鉴定要素名称	本命题中具体鉴定要素分解	配分	评分标准	考核难点说明
"D"	机械法表面处理	20	能根据工件表面状况,正确选择处理方法	磨料粒度选择正确	5	磨料型号不正确扣5分	能正确选择打磨材料
				手工打磨	10	有没处理部位一处扣3分,扣完为止	打磨到位
			能正确选择防锈方法及施工工艺	表面光滑	5	未打磨扣5分	了解处理目的
"E"	刷涂	30	能调配复色颜料	正确调配主次色	3	主次颠倒扣1~3分	了解调色原则
				与色卡颜色一致	15	差别过大扣15分,色差不大扣1~10分	调色结果正确
			能正确调配涂料	调配粘度	2	未调粘度扣2分	了解涂料常识及刷漆要求
			漆膜表面平整光滑,不需涂漆处不得有漆沾污	刷涂:厚度均匀(23±3)μm、光洁、无流坠、气泡等不良现象	10	样板制作不平整,出现漏涂、流坠、发花等不良现象一处扣3分,扣完为止	了解涂料常识及刷漆要求

续上表

鉴定项目类别	鉴定项目名称	国家职业标准规定比重(%)	《框架》中鉴定要素名称	本命题中具体鉴定要素分解	配分	评分标准	考核难点说明
	空气喷涂	40	能调整各层喷漆的粘度	调配粘度	5	未调粘度扣5分	了解涂料常识及空气喷涂要求
			能正确选用配套材料	漆膜均匀、无漏喷、无咬底	20	缺陷一处扣5分，扣完为止	了解涂料常识及空气喷涂要求
				光泽度达到要求	10	均匀测试10点，不足一处扣5分，扣完为止	喷涂技术
			能排除常用工具设备的一般故障	喷枪清洗干净	5	未清洗喷枪扣5分	
"F"	质量检验	10	能进行涂膜常规性能试验	光泽测试点合理	6	不合理扣6分	
				会使用光泽度仪	2	不会使用扣2分	
			能制备涂料检验涂膜	能制备涂料检验涂膜	1	样板厚度超标扣1分	
			能进行涂膜外观质量的判定	能进行涂膜外观质量的判定	1	外观不良扣1分	
	质量、安全、工艺纪律、文明生产等综合考核项目			考核时限	不限	每超过规定时间3 min扣1分	
				工艺纪律	不限	依据企业有关工艺纪律管理规定执行，每违反一次扣10分	
				劳动保护	不限	依据企业有关劳动保护管理规定执行，每违反一次扣10分	
				文明生产	不限	依据企业有关文明生产管理规定执行，每违反一次扣10分	
				安全生产	不限	依据企业有关安全生产管理规定执行，每违反一次扣10分，有重大安全事故，取消成绩	

涂装工(高级工)技能操作考核框架

一、框架说明

1. 依据《国家职业标准》[注],以及中国北车确定的"岗位个性服从于职业共性"的原则,提出涂装工(高级工)技能操作考核框架(以下简称:技能考核框架)。

2. 本职业等级技能操作考核评分采用百分制。即:满分为100分,60分为及格,低于60分为不及格。

3. 实施"技能考核框架"时,考核制件(活动)命题可以选用本企业的加工件(活动项目),也可以结合实际另外组织命题。

4. 实施"技能考核框架"时,考核的时间和场地条件等应依据《国家职业标准》,并结合企业实际确定。

5. 实施"技能考核框架"时,其"职业功能"的分类按以下要求确定:

(1)"工件及产品涂装"属于本职业等级技能操作的核心职业活动,其"项目代码"为"E"。

(2)"涂装前工件表面预处理"、"质量检验及分析"属于本职业等级技能操作的辅助性活动,其"项目代码"分别为"D"和"F"。

6. 实施"技能考核框架"时,其"鉴定项目"和"选考数量"按以下要求确定:

(1)按照《国家职业标准》有关技能操作鉴定比重的要求,本职业等级技能操作考核制件的"鉴定项目"应按"D"+"E"+"F"组合,其考核配分比例相应为:"D"占20分,"E"占60分,"F"占20分。

(2)依据本职业等级《国家职业标准》的要求,技能考核时,"E"类鉴定项目中的"空气喷涂"为必选项,其余7项为任选1项。

(3)依据中国北车确定的"核心职业活动选取2/3,并向上取整"的规定,以及上述"第6条(2)"要求,在"E"类鉴定项目——"工件及产品涂装"的全部8项中,选取2项。

(4)依据中国北车确定的"其余'鉴定项目'的数量可以任选"的规定,"D"和"F"类鉴定项目——"涂装前工件表面预处理"、"质量检验及分析"中,至少分别选取1项。

(5)依据中国北车确定的"确定'选考数量'时,所涉及'鉴定要素'的数量占比,应不低于对应'鉴定项目'范围内'鉴定要素'总数的60%,并向上取整"的规定,考核制件的鉴定要素"选考数量"应按以下要求确定:

①在"D"类"鉴定项目"中,在已选定的1个或全部鉴定项目中,至少选取已选鉴定项目所对应的全部鉴定要素的60%项,并向上保留整数。

②在"E"类"鉴定项目"中,在已选的2个鉴定项目所包含的全部鉴定要素中,至少选取总数的60%项,并向上保留整数。

③在"F"类"鉴定项目"中,对应"质量检验及分析"的3个鉴定要素,至少选取2项。

举例分析:

按照上述"第6条"要求,若命题时按最少数量选取,即:在"D"类鉴定项目中选取了"机械法表面处理"1项,在"E"类鉴定项目中选取了"刷涂"、"空气喷涂"2项,在"F"类鉴定项目中选取了"质量检验"1项,则:

此考核制件所涉及的"鉴定项目"总数为4项,具体包括:"机械法表面处理","刷涂","空气喷涂","质量检验";

此考核制件所涉及的鉴定要素"选考数量"相应为9项,具体包括:"机械法表面处理"1个鉴定项目包含的全部4个鉴定要素中的3项,"刷涂"、"空气喷涂"2个鉴定项目包含的全部6个鉴定要素中的4项,"质量检验"1个鉴定项目包含的全部3个鉴定要素中的2项。

7. 本职业等级技能操作需要两人及以上共同作业的,可由鉴定组织机构根据"必要、辅助"的原则,结合实际情况确定协助人员的数量。在整个操作过程中,协助人员只能起必要、简单的辅助作用。否则,每违反一次,至少扣减应考者的技能考核总成绩10分,直至取消其考试资格。

8. 实施"技能考核框架"时,应同时对应考者在质量、安全、工艺纪律、文明生产等方面行为进行考核。对于在技能操作考核过程中出现的违章作业现象,每违反一项(次)至少扣减技能考核总成绩10分,直至取消其考试资格。

注:按照中国北车规定,各《职业技能操作考核框架》的编制依据现行的《国家职业标准》或现行的《行业职业标准》或现行的《中国北车职业标准》的顺序执行。

二、涂装工(高级工)技能操作鉴定要素细目表

职业功能	鉴定项目				鉴定要素		
	项目代码	名　称	鉴定比重(%)	选考方式	要素代码	名　称	重要程度
涂装前工件表面预处理	D	机械法表面处理	20	任选	001	能根据工件表面状况,正确选择处理方法	X
					002	能合理选择砂、丸的规格和调整气压压力	X
					003	能排除手动工具及喷砂、喷丸设备的一般故障	X
					004	能正确选择防锈方法及施工工艺	X
		化学法表面处理			001	能配制常用的脱脂、酸洗、磷化、钝化液	Y
					002	能根据工艺规定正确调整各种处理液	Y
		塑料、木材及水泥制品的表面处理			001	能根据不同材质选用表面处理方法	Y
工件及产品涂装	E	空气喷涂	60	必选	001	能使用常规涂料完成复杂产品高装饰性要求的修补	X
					002	能按产品颜色调配涂料颜色	X
					003	能估工估料	X
		刷涂		任选1项	001	能鉴别分析刷涂涂装中出现的各种技术问题	X
					002	能正确估工、估料	X
					003	能正确配置各种复杂的颜色	X
		辊涂			001	能解决各种辊涂中的关键技术问题	X
					002	能参与辊涂设备的设计与改造	Y
		高压无气喷涂			001	能解决高压无气喷涂中出现的技术和质量问题	X

续上表

职业功能	鉴定项目				鉴定要素		
	项目代码	名　称	鉴定比重(%)	选考方式	要素代码	名　称	重要程度
					002	能提出高压无气喷涂系统的改造措施	X
					003	能调配涂料粘度	X
		粉末涂装			001	能操作粉末涂装设备进行涂装	X
					002	能检查和监视粉末涂装过程	X
		静电喷涂			001	能正确使用手提式静电喷涂设备	X
					002	能判断静电喷涂设备的常见故障	Y
					003	能在生产间隙中对喷具进行常规的清洁工作	X
		淋涂			001	能进行手工淋涂和浇淋	X
					002	能操作幕淋、喷淋等淋涂设备	Y
					003	能对淋涂设备进行维护保养	Y
		电泳涂装			001	能检查和监视电泳涂装过程	X
					002	能对电泳设备进行维修和保养	X
质量检验及分析	F	质量检验	20	必选	001	能对涂料及涂膜检验仪器进行保养及维修	X
					002	能进行涂膜常规性能试验	X
					003	能进行涂膜外观质量的判定	X

涂装工(高级工)
技能操作考核样题与分析

职业名称：_____

考核等级：_____

存档编号：_____

考核站名称：_____

鉴定责任人：_____

命题责任人：_____

主管负责人：_____

中国北车股份有限公司劳动工资部制

职业技能鉴定技能操作考核制件图示或内容

1. 清漆胶板修补

对红木色油漆试板上的两处缺损进行修补。

对缺损处木材进行表面处理,调配底色与试板底色一致。调配木纹色,其纹色与试板纹色一致。

刷涂清漆:厚度均匀、光洁,无流坠、气泡、刷痕等不良现象。

遵守安全操作规程,文明生产,对于在技能操作考核过程中出现的违章作业现象,每违反一项(次)至少扣减技能考核总成绩 10 分,直至取消其考试资格。

职业名称	涂装工
考核等级	高级工
试题名称	清漆胶板修补
材质等信息	

2. 构架喷涂面漆

进行手工表面处理,达到表面平整光滑。

根据要喷涂面积及涂料的技术数据,估工估料。调整粘度到适合空气喷涂的粘度。过滤后使用。

能使用空气喷涂设备完成工件喷涂。空气流量、涂料流量、喷枪喷雾形状调节良好,能控制工件与喷枪之间的距离,喷涂速度均匀。

质量要求:厚度均匀面漆厚度 60 μm,表面光洁、无漏喷、无流坠、气泡等不良现象。

遵守安全操作规程,文明生产,对于在技能操作考核过程中出现的违章作业现象,每违反一项(次)至少扣减技能考核总成绩 10 分,直至取消其考试资格。

职业名称	涂装工
考核等级	高级工
试题名称	构架喷涂面漆
材质等信息	

职业技能鉴定技能操作考核准备单

职业名称	涂装工
考核等级	高级工
试题名称	清漆胶板修补、构架喷涂面漆

一、材料准备

1. 材料规格:各色颜料、醇酸清漆 0.5 kg,醇酸稀料 0.5 kg,磁漆 5 kg,配套稀料 5 kg。

2. 坯件尺寸:红木色油漆试板(200 mm×300 mm)一块,长 100 mm、宽 40~60 mm 缺损,待喷涂面漆的构架。

3. 辅助材料:各种规格砂布、打磨机、棉丝、量杯、干净空桶、油漆刷、毛笔。

二、设备、工、量、卡具准备清单

序　号	名　　称	规　　格	数　量	备　注
1	粘度杯	涂-4 杯	1	
2	空气喷枪		1	
3	喷、烘漆房	通风良好、照度大于 300 lx	1	
4	测厚仪		1	

三、考场准备

1. 要有洁净的压缩空气;

2. 要有防火安全装置。

四、考核内容及要求

1. 考核内容

(1)清漆胶板修补

对红木色油漆试板上的两处缺损进行修补。

对缺损处木材进行表面处理,调配底色与试板底色一致。调配木纹色,其纹色与试板纹色一致。

刷涂清漆:厚度均匀、光洁、无流坠、气泡、刷痕等不良现象。

遵守安全操作规程,文明生产,对于在技能操作考核过程中出现的违章作业现象,每违反一项(次)至少扣减技能考核总成绩 10 分,直至取消其考试资格。

(2)构架喷涂面漆

进行手工表面处理,达到表面平整光滑。

根据要喷涂面积及涂料的技术数据,估工估料。调整粘度到适合空气喷涂的粘度。过滤后使用。

能使用空气喷涂设备完成工件喷涂。空气流量、涂料流量、喷枪喷雾形状调节良好,能控制工件与喷枪之间的距离,喷涂速度均匀。

质量要求:厚度均匀面漆厚度 60 μm、无漏喷、光洁、无流坠、气泡等不良现象。

遵守安全操作规程,文明生产,对于在技能操作考核过程中出现的违章作业现象,每违反一项(次)至少扣减技能考核总成绩 10 分,直至取消其考试资格。

2. 考核时限

本试题为 120 min。

3. 考核评分(表)

清漆胶板修补、构架喷涂面漆

姓名:　　　　　　　　　　　　　　　　　　　　　　　　　　　　　　分数:

项目	技 术 要 求	配分	评 分 标 准	实测	得分
能根据不同材质选用表面处理方法	手工处理缺损部位	15	圆滑过渡不良扣 5～10 分		
	手工打磨	5	有没处理部位一处扣 3 分,扣完为止		
刷涂	正确调配底色	5	不正确扣		
	正确调配木纹色	5	差别过大扣 5 分,色差不大扣 1～4 分		
	油漆调配量合理	2	有可见剩余油漆扣 2 分		
	厚度均匀、光洁、无流坠、气泡等不良现象	8	样板制作不平整,出现漏涂、流坠、发花等不良现象一处扣 3 分,扣完为止		
空气喷涂	漆膜均匀、无漏喷、无咬底	15	一处缺陷扣 5 分,扣完为止		
	厚度达到要求	20	均匀测试 10 点,不足一处扣 5 分,扣完为止		
	油漆调配量合理	5	有可见剩余油漆扣 5 分		
质量检验	能进行涂膜性能试验;能进行涂膜外观质量的判定	20	测试点不合理扣 5～15 分,不会使用检测仪器扣 5 分		
安全文明生产	质量、安全、工艺纪律、文明生产等综合考核项目	不限	依据企业相关管理规定执行,每违反一次扣 10 分,有重大安全事故,取消成绩		
工时定额	120 min	不限	每超时 3 min 扣 1 分		
评分人					

职业技能鉴定技能考核制件(内容)分析

职业名称	涂装工
考核等级	高级工
试题名称	清漆胶板修补、构架喷涂面漆
职业标准依据	国家职业技能标准-涂装工(2009)

试题中鉴定项目及鉴定要素的分析与确定

分析事项 \ 鉴定项目分类	基本技能"D"	专业技能"E"	相关技能"F"	合计	数量与占比说明
鉴定项目总数	3	2	1	6	国家标准要求:专业技能空气喷涂必选,其余7项任选1项
选取的鉴定项目数量	1	2	1	4	
选取的鉴定项目数量占比(%)	33.3	100	100	78	
对应选取鉴定项目所包含的鉴定要素总数	1	6	3	10	鉴定要素数量占比大于60%
选取的鉴定要素数量	1	5	2	8	
选取的鉴定要素数量占比(%)	100	83	67	80	

所选取鉴定项目及相应鉴定要素分解与说明

鉴定项目类别	鉴定项目名称	国家职业标准规定比重(%)	《框架》中鉴定要素名称	本命题中具体鉴定要素分解	配分	评分标准	考核难点说明
"D"	塑料、木材及水泥制品的表面处理	20	能根据不同材质选用表面处理方法	手工处理缺损部位	15	圆滑过渡不良扣5~10分	了解木材表面处理方法
				手工打磨	5	有没处理部位一处扣3分,扣完为止	打磨到位
"E"	刷涂	60	能正确配置各种复杂的颜色	正确调配底色	5	不正确扣	了解调色原则
				正确调配木纹色	5	差别过大扣5分,色差不大扣1~4分	调色结果正确
			能正确估工、估料	油漆调配量合理	2	有可见剩余油漆扣2分	了解涂料常识及刷漆要求
			能鉴别分析刷涂涂装中出现的各种技术问题	刷涂:厚度均匀、光洁、无流坠、气泡等不良现象	8	样板制作不平整,出现漏涂、流坠、发花等不良现象一处扣3分,扣完为止	了解涂料常识及刷漆要求

续上表

鉴定项目类别	鉴定项目名称	国家职业标准规定比重(%)	《框架》中鉴定要素名称	本命题中具体鉴定要素分解	配分	评分标准	考核难点说明
	空气喷涂		能使用常规涂料完成复杂产品高装饰性要求的修补	漆膜均匀、无漏喷、无咬底	15	一处缺陷扣5分,扣完为止	了解涂料常识及空气喷涂要求
				厚度达到要求	20	均匀测试10点,不足一处扣5分,扣完为止	喷涂技术
			能估工估料	油漆调配量合理	5	有可见剩余油漆扣5分	了解涂料常识及空气喷涂要求
"F"	质量检验	20	能进行涂膜外观质量的判定	测试点合理	15	不合理扣5~15分	
			能进行涂膜常规性能试验	会使用测厚仪	5	不会使用扣5分	
	质量、安全、工艺纪律、文明生产等综合考核项目			考核时限	不限	每超过规定时间3 min扣1分	
				工艺纪律	不限	依据企业有关工艺纪律管理规定执行,每违反一次扣10分	
				劳动保护	不限	依据企业有关劳动保护管理规定执行,每违反一次扣10分	
				文明生产	不限	依据企业有关文明生产管理规定执行,每违反一次扣10分	
				安全生产	不限	依据企业有关安全生产管理规定执行,每违反一次扣10分,有重大安全事故,取消成绩	